大人の自由時間
mini

もう一度 バイクに乗ろう！

羨望されるオトナのライダーになりたい人に

西尾 淳 著
WINDY Co. 編

技術評論社

バイクで走り出せば
すべての風景が新鮮に見えてくる。
風の吹くまま、気の向くまま……

[写真提供：八重洲出版]

もう無茶はしない。
オトナだからできる走り方がある。
バイクとの付き合い方がある。

Contents

もう一度バイクに乗ろう!

羨望されるオトナのライダーになりたい人に

イラスト：北村公司

CHAPTER 1　オトナとしてバイクと付き合う

- ⑫ やっぱりバイクは楽しい
- ⑭ バイクは人を殺さない
- ⑯ ライダーとしてのプライド
- ⑱ バイク乗りは増えているか？
- ⑳ バイクの命はやはりエンジン
- ㉒ 位相クランクでエンジンは変わる
- ㉔ 規制の中で活路を見出す
- ㉖ 定型化するサスペンションとタイヤ
- ㉘ 電子デバイスで乗り方も進化する
- ㉚ 輸入車も珍しくはなくなった
- ㉜ 変化するスクーター市場
- ㉞ 電動スポーツバイクの可能性
- ㊱ 教習所で取れる大型二輪免許
- ㊳ とりあえずショップへ行こう！

CHAPTER 2　あなたにぴったりのバイク選び

- 44　憧れのバイクに乗ろう
- 46　オトナのバイクの条件
- 48　バイクのジャンルは多様化している
- 50　現在の人気はNC750XとMT-09／07
- 52　バランスのいい普通のスポーツバイク
- 54　ツーリングを満喫したい!
- 56　ネイキッドからモダンクラシックへ
- 58　ゆったり風を受けて走るクルーザー
- 60　あのころの旧車に乗りたい
- 62　気軽に付き合える250ccクラス
- 64　125ccクラスにミニトレの面影を見る
- 66　ヘルメットはあなたの命を守る
- 68　しっかりしたウェアで安全に走る
- 70　見る人は見ているグローブ＆ブーツ
- 72　バイクを安全に駐車する
- 74　保険は安さよりも人とサービス

CHAPTER 3　バイクの「上手い」は「安全」と同じ

- 78　バイクの安全の考え方
- 80　バイクの上手さは技術と意識が半々
- 82　「怖い」を大切に
- 84　常に視界を確保し、危険を予測する
- 86　クルマの種類で危険は変わる
- 88　危険な場所をチェックする
- 90　走行ラインの交わりに注意する
- 92　自由に動ける位置が最適ポジション
- 94　安全に乗るための低速コントロール
- 96　ブレーキは毎日練習を
- 98　トラクションを感じる
- 100　気持ちよくコーナーを曲がる
- 102　運転講習会に参加しよう

CHAPTER 4　バイクでツーリングに行こう!

- 108　やっぱりツーリングは楽しい!
- 110　気の合った仲間と走る
- 112　ツーリングの基本装備
- 116　ツーリングバッグはよりどりみどり
- 118　ETCはバイクでも標準に
- 120　カーナビはスマートフォンで代用
- 122　ツーリングを楽しくするアイテム
- 124　カミさんと行けば2倍楽しい!
- 128　無事に帰ってくるために
- 130　一度は行きたいワインディングロード

CHAPTER 5　日常メンテナンスとセッティング

- 138　自分を知る、バイクを知る
- 140　バイク整備の基本的な工具
- 142　基本メンテナンスはしっかり行なう
- 146　タイヤを替えるとバイクも変わる
- 148　ポジションは妥協しない
- 150　サスペンションを自分に合わせる
- 152　気持ちよく回るエンジンにする
- 154　バイクをきれいに保つ

One Point Guidance

- 40　教習所 最新事情
- 42　バイクは2台持ちが理想
- 76　タイヤは履歴書
- 104　初心者に見られたくない!
- 136　オールペイントは最強のカスタム
- 156　バイクを"カッコよく"撮影する

◆この本のきまり
- 本書は2016年5月の情報を元に制作しています。
- 製品等の価格は、消費税を別にした税抜き価格です。
- 排気量などの表記には慣例的に「cc」を使用しています。カタログのスペックなどで使われるSI単位の「cm^3」と同じ意味です。また、出力の単位「PS」(馬力)を使っていますが、SI単位の「kW」に換算する場合、1PS＝0.7355kW となります。
- 本書では、今回撮影した写真、製作したイラストのほか、メーカーの広報写真や図版等を使用しています。
- 本書の内容に基づいて走行や整備を行ない、事故やトラブルに遭っても、著者および出版社は責任を取ることができません。あくまで本書は情報のひとつとして認識し、自己の判断で安全に走行してください。

はじめに

　私(筆者)はバイク雑誌の編集を長くやっていたが、バイクの運転がヘタクソだ。まあ、人並みには走れると思うが、バイク雑誌でレポートを書いているようなライダーに比べると、はるかにヘタクソだ。彼らは上手すぎる。元レーシングライダーがごろごろいる世界だから上手くても不思議ではないのだが、ウイリーやドリフトは当たり前。カメラマンが構えたコーナーできっちり決めてくる。何よりすごいと思うのは、初めて跨がったバイクでも、わずか数分で乗りこなしてしまうことだ。一発で限界まで持ってくる。自分にはとても真似できないと思ったものだ。

　しかし、そのぶん考えることにした。どうしてヘタなのか？　気持ちよく、安全に走るためにはどうすればいいのか？　バイクに乗るたびに考えた。いまも考え続けている。そのうちに、ヘタだからわかることもあると思うようになってきた。ヘタだから伝えられることがあるのではないか、と。

　この本には、ワインディングを速く走るような解説は載っていない。リターンライダーでも楽しく安全に走ることができ、気持ちよくバイクと付き合えるような話をできるだけたくさんまとめることにした。読んでいただく方にとって、記事のすべてが参考になるとは思っていない。ただ、少しでも、ひとつでも役に立つことがあれば、それに優る幸せはないと思っている。

　　　　　　　　　　　西尾　淳(WINDY Co.)

CHAPTER

1

オトナとして
バイクと付き合う

バイクとそれを取り巻く環境は日々変化している。
技術だけでなく、バイクが置かれた状況も変わった。
若いころとは違ったバイクの楽しみ方を模索しよう。

Motorcycle Again

やっぱりバイクは楽しい!

バイクは磨いても眺めても楽しいが、やはり走ることがいちばん楽しい。
風を受け、右手の動きと少しの荷重移動で自由に駆ける楽しさを味わおう。

思い通りに走り、止まる
バイクほど贅沢な乗物はない

　バイクの楽しみ方は人それぞれ。所有するだけで楽しいという人もいるし、きれいに磨き込むのが趣味だという人もいる。ただ、時代の移り変わりはバイクの在り方にも影響している。そのひとつは、バイクでは威張れなくなったことだ。

　その昔、ナナハン(750cc)に乗っていれば、それだけで注目を浴びた。「すごいですね」と声をかけてくる人も多かった。現在、そういったシーンは見なくなった。理由は趣味の多様化だろう。自分の興味はとことん追求する代わりに、他人のことには関心を示さない。バイクそのものが趣味としてメジャーではなくなったことも関係している。だから「外車のひとつも買って目立ってやろう」と思っているなら考え直したほうがいいかもしれない。誰も振り向いてくれない可能性もある。

　しかし、バイクを走らせる楽しみは昔から変わっていない。バイクが進化しているぶん、その楽しみは昔

○ 走った後の心地よさ
ツーリングに出かけ、風景のいいところでエンジンを止めたときの心地よさ。クルマでのドライブとはまったく別の快感がある。

● バイクは自由と同じ意味

バイクが思いどおりに動いてくれることほど楽しいことはない。それは単に速いとか飛ばすとかいう話ではなく、自分の体の延長線上にバイクがある感覚だ。走ることに集中すればするほど自由になれる。バイクを走らせることは、何物にも代えがたい悦びだ。

以上だ。バイクは人や荷物を運ぶ道具としては、たいしたことはない。2人乗りがせいぜいだ。雨が降れば濡れるし、積載量にも制限がある。しかし、走ることにかけては、ほかのどんな乗物にも負けない。高い機動力、動力性能を持ち、走ることそのものが圧倒的に楽しい。ほんの少しの荷重移動、右手の動きで、自在に動いてくれる。雨が降れば濡れてしまうが、代わりに風をいっぱいに受けながらワインディングを気持ちよく駆け抜けることができる。

結局のところバイクの楽しみは、「自由」なのだと思う。バイクと対話しながら思いどおりに走る。そのうちに頭で考えなくても体が動くようになる。タイヤが自分の足の裏のように路面の感覚を伝えてくる。バイクが体の延長になる。いい風景に出会ったら、すぐその場で停めることもできる。車体が小さいから駐車スペースに困ることもない。

昔ヤマハの広告コピーに、「人間にいちばん近い乗物なんだ」というのがあった。まさにそのとおりだと思う。こんな贅沢な乗物、ちょっとほかにない。

>> 関連ページ　ライディング…P78〜103　ツーリング…P108〜135

バイクは人を殺さない

バイクには転倒が付きもの。ケガもするし、場合によっては命の危険もある。
逆に、バイクはまわりにやさしく、人を傷つけにくい乗物でもあるのだ。

衝突時に与えるダメージは車重と速度で決まる

「楽しくバイクに乗ろう！」という本なのに、重い話で申し訳ない。

人に「バイクは危ない」と言われたときに、それを完全に否定することはできないだろう。バイクにはタイヤが2つしかなく、ライダーの体はむき出しだ。転倒したらケガをする確率は高い。これはバイクの楽しさの根源であると同時に、危険である理由だ。

もちろんヘルメットはかぶるし、プロテクターの入ったウェアも常識になった。それでも頑丈なボディで乗り手を守るクルマのようなわけにはいかない。事故に遭ってケガをした、骨折したという話は当たり前のように耳にする。事故を起こさず、安全に乗る方法は3章で考えていくが、バイクが危険だという指摘は受け入れるしかないだろう。しかし同時に、バイクはクルマよりも、まわりの人を傷つけにくい乗物でもある。それは覚えていてほしいと思う。

「居眠り運転のトラックが通学中の児童の列に突っ込んで10数人が死傷」といったニュースを耳にするが、これはバイクでは起らない。バイクは極端に幅が狭いから、何人も同時に轢くことはまずない。

そして、バイクは車重が圧倒的に軽い。衝突して相手に与えるダメージは、車重×速度の2乗、つまり運動エネルギーで決まる。右の図のように100km/hで走る180kgのバイクのエネルギーは、36km/hで走る1400kgのクルマと変わらない。車重の軽さは取り回しのしやすさや燃費だけでなく、まわりに対する攻撃性にも関係する。軽いことはあらゆる面でメリットがあるのだ。

バイクを安全な速度で走らせていれば、たとえ人にぶつけたとしても、相手の命にかかわることは少ないはず。もちろん衝突する部分の形状や弾性も関係していて、尖った部分が

○ 転倒しても傷つくのは自分だけ

止まってしまえばバイクは自立しない。そういった意味では転倒が付きものだ。しかし衝突しても相手へのダメージは少ない。これは誇るべきこと。

当ればエネルギーが低くてもダメージは大きい。しかしそれはクルマもバイクも変わらない。

「まわりの人を傷つけても自分は生き残りたい」と思うなら、バイクはやめたほうがいい。たぶん、バイクはあなたを守ってはくれない。「もし自分に何かあっても、まわりの人は傷つけたくない」と考える人がバイクには向いている。

暴走族やムダに飛ばすライダーのために、バイクのイメージは決していいとはいえない。しかし本質は、社会にやさしい乗物なのだ。

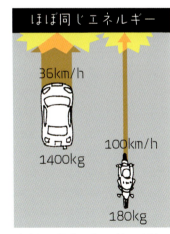

○ バイクの運動エネルギーは低い

車体の軽いバイクは、運動エネルギーも極端に低い。これがバイクのやさしさの基本だ。

>> 関連ページ　ヘルメット…P66　ウェア…P68

Motorcycle Again

03

ライダーとしてのプライド

バイクは圧倒的な運動能力を備えている。しかし、それをひけらかしてはいけない。
強いからまわりにはやさしくする。それがライダーのプライドだ。

自分で自分の首を締めるような歴史を繰り返さないために

　バイクは高い機動力と運動能力を備えている。加速がいいだけでなく、車重が軽いために機敏に動くことができるし、車幅が狭いからタイトな道でも自在に走れる。その気になれば、250ccでパトカーから逃げることも簡単らしい（あくまで伝聞。やってはいけない）。

　しかし、だからこそバイク乗りは、まわりにやさしくしなければならない。力のあるものがいつも力を振り回していたら、それはただの暴力だ。弱い者いじめは保育園でも嫌われるように、流れの遅い高速道路を縫うように走るバイクは見苦しい。バイク乗りには、優れたものに乗っているというプライドが必要だ。

　その昔、頭の悪いライダーたちの乗った750ccがブンブン走り回り、極端に取得しにくいナナハン免許（限定解除）の制度が作られた。

80年代後半、傍若無人に峠を走り回ったレプリカは、バイクの走れる道路を減らしていった。バイク乗りは、自分の首を絞めるような行為を繰り返してきた。バイクが売れなくなって当然だと思う。

　「運転マナー」という言葉を耳にするが、私はこれがよくわからない。マナーは「礼儀、作法、エチケット」という意味だが、それで安全には走れるとは思えないからだ。ライダーに必要なのはプライドだろう。プライドがあれば、まわりを見る余裕ができる。いつでも抜けるからと、無理な追い越しはしなくなる。他車を驚かすような走りは恥ずかしいと思うようになる。

　性能のいいバイクに跨がったら、「これは路上の王様なんだ」ぐらいのことを思ってほしい。まわりにやさしくなれる。もし「王様だから何してもいい」と思ったら、あなたはバイクを降りるべきだ。

　バイクは乗り手に自律を求める。

○ 信号スタートでリード

バイクは高い加速性能を備えている。無理に飛ばさなくても信号スタートぐらいは普通にリードできる。信号でダッシュするのがいいとはいわないが、クルマとは交わらないのがいちばん安全であることも確か。これは3章で解説する。

○ プライドはやさしさ

クルマの前に出ることがあったら、片手を上げて挨拶ぐらいはすべき。「バイクは目ざわりだろうから先に行かせてね。ごめんね」といった感じだ。衝突したら負けるのはバイク。だからこそ社会性を大切にしないといけない。

○ 軽くてコンパクトだから可能になる高い機動力

もしかすると、バイクよりも全開で走るポルシェやフェラーリのほうが速いかもしれない。しかし重いクルマを速く走らせるには相当な緊張感が必要だ。バイクはいたって気軽にスピードを乗せられる。また、車幅がないから狭い道でもラインが選べるし、クルマがドリフトアウトするような下りのタイトコーナーでも臆せず曲がっていける。もちろん無理はいけないが、そのぐらい乗物として優れていることを覚えておこう。

≫ 関連ページ　安全の考え方…P78　走行ライン…P90

Motorcycle Again 04

バイク乗りは増えているか?

**バイクが復権しているというニュースもあるが、実際は現状維持。
リターンライダーが増えている一方で若い人は減っている。**

意外なほど大型バイクの増減は少ない

　リターンライダーが増えた、バイク市場が上向きだ、といわれて久しい。それで調べてみたのが右のグラフ。「減ってるじゃん……」というのが正直なところ。

　もう少し冷静に見てみよう。空前のバイクブームといわれた80年代後半。グラフにはないが、日本で年間300万台以上のバイクが売れた。しかしその実は、原付（50cc）などの小排気量モデルがほとんど。251cc以上の大型バイクは、現在でも意外に減っていない。第一、300万台などという数字が異常なのだ。251cc以上の大型バイクがピークで14万台強、現在がその半分くらい。乗馬の文化のない日本で、よくがんばっていると思う。

　軽二輪（250ccクラス）の変化は、市場の動きが見えておもしろい。80年代のバイクブームはレプリカなどのスポーツバイクで盛り上がり、2000年代にはビッグスクーターのブームでまたひと山。ビッグスクーターのブームが長続きしなかったのは、実用としても趣味としても中途半端だったのだろう。125ccクラスのスクーターはいまも元気だ。

　残念なのは、ビッグスクーター以降、若い人がバイクに目を向けなくなっていること。リターンライダーが増えている一方で、若いライダーは減っている。原因は、バイクとの接点が少なくなっていることや、人に対して寛容でなくなっている時代性など、いろいろあるだろう。それでも、若い人にバイクに乗ってほしいと思う。絶対に楽しいから。

　峠のパーキングで、やってきた若いライダーをつかまえては、「昔、RZっていうとんでもないバイクがあってだな……」などと、ジジイの問わず語りで若い人に煙たがれる、というのが夢なのだが、なかなかうまくいきそうにない。

○ 増えるリターンライダー

週末には多くのツーリングライダーに出会う。ゆったりバイクを楽しむ人が増えたように思う。
[写真提供:フリーダムナナ]

○ 通勤では125ccが主力

平日の通勤路ではスクーターが多い。しかし250cc以上のビッグスクーターは減り、手軽な125ccクラスが増えている。

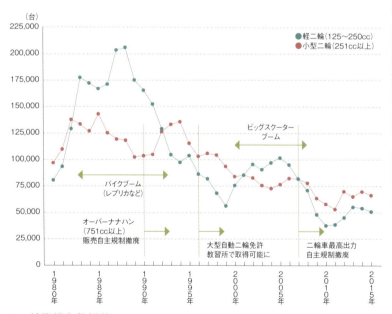

○ 二輪登録台数推移

軽二輪（250ccクラス）の変化に比べ、251cc以上ではそれほど大きな変化はない。ゆるやかな減少が続いている状況だ。それがここ数年、下げ止まりになっている。また「小型二輪」というのは道路運送車両法での251cc以上の二輪車のことで、正しくは「二輪の小型自動車」という。道路交通法での小型限定普通二輪とは異なる。[データ:日本自動車工業会]

>> 関連ページ　250cc…P62　125cc…P64

Motorcycle Again

05

バイクの命はやはりエンジン

いまも昔も、バイクのキャラクターを決める要因のひとつはエンジンだ。
直列4気筒だけでなく、2気筒、3気筒が増え、エンジンは多様化している。

絶対出力よりも使いやすさ優先に

　昔は「直列4気筒でなければエンジンにあらず」的な風潮もあったが、時代は変わった。並列やV型の2気筒が増え、3気筒も登場している。4気筒はパーツ数が多く、コストがかさむ。直列であればクランクシャフトが長く重くなるのもデメリット。2気筒が増えたのは、より実践的なところへ目が向いてきたためだろう。

　排気量に対する考え方も変わった。普通二輪免許（昔の中型二輪）なら400cc、大型なら750ccかリッタークラスというように、免許の限度いっぱいの排気量が好まれる傾向があった。現在では、普通二輪なら扱いやすく維持費の安い250cc、大型でも600〜800ccのミドルクラスが選ばれることが増えてきた。

　4気筒は回転を上げやすく、最高出力を上げるのに有利。しかし実際の走行では、最高出力近辺の高い回転域を使い続けることはまず不可能だ。また、ネイキッドモデルに多いが、4気筒を低回転重視で設計すれば、低速でもトルク変動が少なく、乗りやすいエンジンになる。ただ、直列4気筒はエンジンに個性がなく、つまらなく感じることも多い。

　そんなわけで、おすすめは2気筒だ。トルクが豊かでレスポンスもよく、常用域で楽しめる。いまどきの設計なら2気筒でも振動は少ない。さらに、V型でもドゥカティとハーレーはまるで違うように、2気筒といってもいろいろなキャラクターがある。これを選ぶのも楽しい。もちろん元気な単気筒もいい。

　ついでながら、スペック表の最高出力は無視してかまわない。サーキットに持ちこんでレースするというなら話は別だが、一般道なら、大型バイクでも100PS以上は必要ない。乗りやすさと楽しさを求めるなら、中速域のトルクとレスポンスを重視するのがいい。

○ 並列4気筒

「ジャパニーズスタンダード」といわれた並列4気筒。いまもスーパースポーツやネイキッドの主流だが、以前ほど「何がなんでも4気筒」という風潮はなくなった。写真はホンダ CB1100EX。

○ 並列3気筒

3気筒といえば傍流のイメージがあったが、ヤマハ MT-09が登場したことで、一気にイメージが変わった。バランスがよく、楽しいエンジンだ。トライアンフの3気筒もいい。

○ 並列2気筒

いまや250〜1000ccの主流は2気筒エンジン。いろいろな意味でバイクに適している。主流は水冷エンジンだが、写真は空冷のカワサキW800のもの。

○ V型4気筒

V型4気筒といえばホンダVFR系。優れたトラクション性能と高出力を兼ね備えたエンジン。楽しくて個性的だ。一度試してみてほしい。写真はVFR800Xのもの。

○ V型2気筒

ハーレーダビッドソンやドゥカティは、V型エンジンをメインにしている。独特のパルス感やトラクションだけでなく、設計次第では振動も少ないという優れた形式。写真はドゥカティ スクランブラー。

○ 水平対向2気筒

BMWモーターサイクルの顔でもある水平対向2気筒、通称ボクサーエンジン。バランスのよさと低重心が魅力。このエンジンに惚れ込むライダーも少なくない。図はR1200GS。

>> 関連ページ　トラクション…P22

Motorcycle Again

06

位相クランクでエンジンは変わる

トラクションを稼ぎ、よりコントロールしやすくなる位相クランク。
いまトレンドの技術だ。理想の二輪エンジンはV型なのかもしれない。

爆発間隔をずらすことで
路面をタイヤがつかむ

　ちょっとむずかしい話をしよう。
　トラクションの解釈はいくつかあるが、私は荷重によるグリップ力だと考えている。たとえばポジションを少し後ろにすればリアの荷重が増え、後輪のトラクション、つまりグリップ力が増加する。アクセルを開ければタイヤにトルクが伝わり、トラクションが増える。通常グリップ力というと静的なものだが、これに上乗せされる動的なグリップ力がトラクションだ。

　エンジン形式によってもトラクションは変わる。私がそれに気づいたのはドゥカティ 900SSに乗っているころだった。アクセルを開けるとコーナリングでのグリップが増し、安定感が上がるのだ。ほかのバイクでもトラクションが上がるが、ドゥカティはこれが非常にわかりやすい、つまり、乗りやすいのだ。

　ドゥカティのエンジンは90度のVツイン（Lツインともいう）。爆発間隔は270度→450度の不等間隔になる。これを並列2気筒（パラレルツイン）で再現するのが位相クランクだ。ホンダのNC700／NC750系、ヤマハのMT-07など、最新の2気筒の多くが採用している。

　位相クランクは新しい技術というわけではなく、ヤマハTRX850、ホンダ ブロスなどでも使われていた。一気に研究が進んだのは、motoGPでパワーが上がりすぎ、乗りにくさが指摘されたころから。それは市販車にもフィードバックされ、2009年のYZF-R1はクロスプレーンの名で、4気筒ながら位相クランクを採用した。これもコントロール性の向上のためだ。

　位相クランクがどのくらい効果があるのか？　同じバイクで、通常クランクと位相クランク乗り比べるというのはまず不可能だから、判断しづらい。しかし、よく回るだけ、も

● 位相クランク

2気筒のクランクシャフトだが、クランクピンの位置が反対側（180度）や同位置（360度）ではなく、90度ずれた場所にあるのがわかる。これが位相クランク。写真はNC700の解説用カット。

● ドゥカティの90度Vツイン

90度V型の2気筒エンジン。爆発間隔は270度→450度となる。ひとつのクランクピンを2つのクランクが共有するため、単気筒並みにエンジン幅が狭いのも特徴。

● 4気筒のクロスプレーン型クランク

並列4気筒のクランクは、1番と4番、2番と3番が同じ位置にあるのが普通（180度クランク）。ヤマハが2009年型YZF-R1で搭載したのは、90度ずつずれている位相クランク。爆発間隔は270度→180度→90度→180度となる。

● 3気筒も位相クランク？

直列3気筒エンジンは120度（爆発は240度間隔）のクランクが普通。これを位相と呼ぶのは違う気もするが、クランクが平面的ではない（フラットプレーンではない）という意味で、ヤマハのクロスプレーンコンセプトに合致する。

しくはドコドコするだけの2気筒ではないことは確かだ。

　もうひとつ。位相クランクを使えば、並列2気筒もV型と同じトラクションになるのか？　むずかしいところだが、個人的にはまだ本来の90度Vツインのほうが上だと思っている。ドゥカティで感じた、百万馬力の足の裏のようなトラクションは、まだほかのバイクで味わっていない。もちろん車体も関係しているので簡単には言い切れないが……。

　そのほか、位相クランクには振動や慣性トルクの低減などにも効果がある。興味のある向きは、調べてみてほしい。なかなかおもしろい。

>> 関連ページ　エンジン形式…P20　トラクションを感じる…P98

規制の中で活路を見出す

**排ガス規制や騒音規制により、バイクは大きく姿を変えた。
姿を消したモデルもあるが、規制をきっかけによくなったモデルも少なくない。**

2ストがなくなった1999年 キャブレターが消えた2008年

　本格的に二輪の排ガス規制が始まったのは1998〜1999年のこと。問題になったのはベンゼン。発がん性があるといわれている物質で、2ストローク（2スト）のエンジンから多く排出される。隆盛を誇った2スト・スポーツモデルは、これを機に姿を消すことになった。

　4ストの二輪が大きく影響を受けたのは2006〜2008年に施行された排ガス規制だ。HC（炭化水素）やNOx（窒素酸化物）の85％軽減が求められるなど、非常に厳しい規制だった。これによってキャブレターは姿を消し、モンキーのような小さなモデルまでインジェクション（燃料噴射）へと切り替わることになった。もちろん排ガスをきれいにするのは触媒だが、それを正しく働かせるためには、インジェクションによる正確な燃焼が必須なのだ。

　この変化によって、見かけ上パワーダウンしたモデルも少なくない。たとえばヤマハのセロー250は、それまでの最高出力21PSだったのに、規制に対応して18PSにまで下げた。しかし実際に乗ってみると、インジェクションのほうが中速域はパワフルだし、乗りやすさも向上していた。インジェクションは偉大だ。

　また、規制対策や販売台数減少によるコストアップに対応するため、メーカーは生産拠点を順に海外に移している。国内生産のようにていねいな仕事ができないためか、溶接が粗いなど、細かな部分での品質ダウンを見つけることもある。しかし、日本のローカル市場ではなく、世界市場を視野に入れた設計に変化していった。結果として、普遍的に楽しめ、スポーツ性も高いバイクが増えている。カワサキのニンジャ250、ヤマハのYZF-R25／MT-25などがその代表だが、実にいいバイクだ。海外生産も悪くない。

○ 2ストのスポーツバイク

いわゆるレプリカモデル。各メーカーとも、スポーツ性の高いモデルをラインアップしていたが、排ガス規制などを契機に、販売を終了した。写真は1994年のホンダ NSR250R SP。

○ モンキーもインジェクション化

カブ系エンジンを搭載する長寿モデルのモンキー。2009年のフルモデルの際にインジェクション化され、排ガス規制に対応するだけでなく、実質的なパワーアップを行なった。

○ インジェクションで性能向上

ヤマハのセロー250は、2005年のフルモデルチェンジではキャブレターが使われ、2008年モデルからインジェクション化。これによりドライバビリティが格段に向上した。

○ 50ccのインジェクション

2003年にホンダが公開したインジェクション（PGM-FI）搭載の50ccエンジン。小さなエンジンに見合ったインジェクションが開発された。

○ キャタライザー（触媒）

現在のほとんどのバイクには三元触媒が搭載され、排ガスをクリーンにしている。各種センサーによるコントロールが必須。

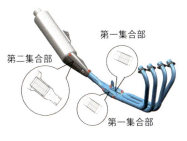

○ 目立たなく収まるキャタライザー

マフラーが外から見えるバイクの場合、キャタライザーは目立たないように分散して置かれる。また、キャタライザーは非常に熱を持つので注意。

>> 関連ページ　250cc…P62

Motorcycle Again 08

定型化するサスペンションとタイヤ

バイクのフレームやサスペンションの形状は、意外なほど変化していない。
ロードバイクのタイヤは17インチが主流。クルーザーではそれ以外もある。

人が乗るものだからコンベンショナルに帰る

　見た目には、フレームやサスペンションはあまり変わっていない。エンジンを取り囲むクルードル形や、スポーツモデルのダイヤモンド形などが主流だ。ただしCADなどで設計は高度化した。バイクを横から見てもすき間がほとんどない。タンクバッグが付けづらくなった。

　サスペンションも、ビモータのTESI（テージ）で有名なハブステアや、BMWのテレレバーなど、先進的な試みがあったが、一般化したとはいい難い。結局、人の乗るものだから、違和感のないコンベンショナルなところに落ちつくのだろう。

　リアのサスペンション形式はモノショック式がおすすめ。2本サスよりも軽快にタイヤが上下に動き、ギャップにも強い。

　タイヤは、スポーツバイクやネイキッドであれば前後17インチがスタンダード。定型化することで、サイズに悩む必要がなく、ブランドやグレードだけでタイヤ選びができるのはメリットだろう。

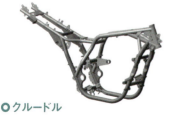

○ クルードル
昔ながらのクルードルフレーム。エンジンを取り囲むパイプが特徴。ネイキッドなどやクラシカルなモデルはこの形状が多い。写真はCB1300 SuperFourのもの。

○ アンダーボーン
スクーターなどに多い形式。フレームを低くし、上部のスペースを有効に使う。エンジンもそれに合わせて設計。写真はスクーター並みに重心の低いNC700／NC750のもの。

○ダイヤモンド・バックボーン

スポーツ系のバイクに多く使われているフレーム。アルミなどでステアリングヘッドとスイングアームピボットを最短で結ぶ。写真はRC213V-Sのもので、タイヤは前後17インチ。

○リアサスペンション

リアサスペンションはスイングアームを左右から支えるツインショックか、写真のようなモノショックが主流。リンクを持たないモノショックも多い。写真はCRF1000L アフリカツイン。

○ハブステアリング

フロントフォークを持たないハブステアリング方式のフロントサスペンション。驚異的な安定性を持つが、構造があまりに複雑でコストがかかる。写真はTESI 3D ネイキッド。

○テレレバー

BMW R1200GSなどに採用されているフロントサスペンション。減速Gと路面からのショックを分担させることで、姿勢変化を抑えて安定性を高めるという特徴がある。

○19／16インチのタイヤ

クルーザー系で多い、前輪大径＋後輪小径のパターン。シートを下げつつ、視覚的に前輪をしっかり見せるといった効果がある。写真はヤマハ ボルト。

○21／18インチのタイヤ

オフロードバイクの定番サイズがフロント21インチ、リア18インチ。タイヤもこのサイズなら多くの中から選べる。写真はカワサキ KLX250S。

》 関連ページ　タイヤ…P146　サスペンション…P150

Motorcycle Again 09

電子デバイスで乗り方も進化する

2018年10月からABSが義務化される(継続生産車は2021年10月から)。
DCTやトルクコントロールなど、二輪にも電子デバイスがますます増えている。

リヤブレーキは制動でなくコントロールのために

　ホンダがDCT(デュアルクラッチトランスミッション)を推し進めている。簡単にいえば、クラッチを2組使ったオートマチックだ。今回DCTのNC750Xに試乗したが、なるほどよくできている。安楽なだけのオートマではなく、ちゃんとスポーツ車らしい走りもこなす。アドベンチャーモデルのアフリカツインに搭載したのもうなずける。DCTは、一度試乗してみるといい。

　ABSは「アンチロックブレーキシステム」の略。クルマではおなじみの、ブレーキ時のロックを防ぐ機構だ。初期には違和感のあったABSも開発が進み、完成度が上がった。義務化についての問題点といえば、価格と重量ぐらいだろう。

　ホンダの「コンバインドABS」、BMWの「インテグラルブレーキ」といった機構は、前後連動ブレーキのこと。ブレーキレバー、もしくはブレーキペダルを操作すると、前後輪が制動されるシステムだ。

　これも初期は動きが気になった。後輪ブレーキは制動よりもコントロールのために使うことが多いが、コーナリング中にブレーキペダルを踏むと前輪にもブレーキが掛かり、車体が起き上がってしまう。乗りにくいし、危険だと感じた。ブレーキレバー(フロント)は元々制動で使うからブレーキを連動させる意味がある。しかしブレーキペダルで連動するモデルは避けたほうがいい。

　しかし、メーカーもわかっているようで、BMWはブレーキレバーのみで連動させる「パーシャリーインテグラルブレーキ」を開発し、さらに進化した「RACE ABS」を搭載した。ホンダのコンバインドABSも、最新のCBR1000RR／600RRではリヤブレーキだけ効かせることが可能になった。電子デバイスは日々進化している。

● DCT（デュアルクラッチトランスミッション）

2つのクラッチを備え、自動的にシフトチェンジを行なう機構。バイクで使われている常時噛合式のトランスミッションと相性がいい。青い部分と赤い部分で受け持ちが分かれている。

● アドベンチャーモデルにもDCT

アドベンチャーモデルであるアフリカツインにもDCTを搭載したバージョンが用意される。今後、スポーツモデルにもDCTの採用が増えていく可能性が高い。

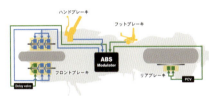

● 前後連動ブレーキ

「コンバインドABS」と呼ばれるホンダの前後連動ブレーキシステム。連動させるだけでなく、ABS（アンチロック機能）も同時にコントロールしている。図はVFR1200Fのものだが、より新しいCBR1000RR／600RRでは電子制御化され、リヤブレーキだけ効かせることも可能になった。

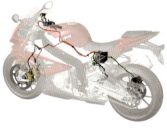

● RACE ABS

BMWは「インテグラルブレーキ」の名で連動ブレーキを開発している。その最新機構が「RACE ABS」。連動ブレーキながら後輪だけ効かせられるのはもちろん、ブレーキングドリフトも可能。

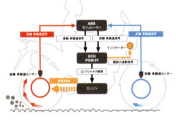

● トルクコントロールシステム

クルマでいうトラクションコントロール。前後の回転差を検知し、設定以上になるとエンジンの燃焼をコントロールして後輪の駆動力を制御する。VFR1200Xやアフリカツインに搭載される。

》 関連ページ　ブレーキ…P96　トラクション…P98

Motorcycle Again

10

輸入車も珍しくはなくなった

日本の4メーカーは依然として強力だが、輸入車も増えてきた。
いまや、最初のバイクが輸入車というライダーも少なくない。

「外車は不安」は昔話 しかしショップを選ぼう

外車のトラブルは本当に少なくなった。私も以前、高速道路を走行中にシリンダーのスタッドボルトが折れるという、およそ想像もつかないようなトラブルに見舞われたが、現在乗っているBMWは、購入から6年間、通常メンテナンスだけで何ひとつ問題は起きていない。

とはいうものの、多少手間はかかる。たとえばBMWのタイヤ交換やETC取り付けなど、一般的なバイク用品店ではやってくれないことがある。専用のコンピューターが必要らしい。結局、専門のディーラーに持ち込まないといけないのなら、中古車を購入する場合でも、最初からそのディーラーで中古を探してもらったほうがお互い安心だ。昔から「外車選びはショップ選び」といわれたが、それはいまでも生きている。

外車はクセがあるという話も耳にする。確かに、国産モデルほど素直ではないこともあるが、それが外車の個性でもある。「それでも不安」というなら、このところ増えてきたエントリー向けのモデルがおすすめ。ドゥカティの「スクランブラー」や、ハーレーの「ストリート750」などがそれ。買いやすい価格もいい。

BMW
R1200RS

並列2気筒、4気筒、6気筒など、バリエーションを広げるBMWモーターサイクルだが、やはりボクサーツインがいいという意見も少なくない。「RS」はスポーツツーリングを意味するBMW伝統の名前。ネイキッドの「R1200R」「R nine T」もある。

ドゥカティ
スクランブラー Sixty2

強面のモデルが多いドゥカティにあって、新しいスクランブラーは気軽さが特徴。中でも、「Sixty2」は399cc。現在、普通二輪免許で乗れる唯一のドゥカティだ（他のスクランブラーは803cc）。ドゥカティの中で、空冷エンジンを載せているのはスクランブラーだけ。

ハーレーダビッドソン
XG750 ストリート750

大型二輪の市場で、国産モデル以上に売れているのがハーレーダビッドソン。スポーツスター、ダイナ、ソフテイルが人気なのは相変わらずだが、ハーレーが新たに投入したのは「ストリート750」。なじみやすく、楽しい。最安で85万円という価格もフレンドリー。

トライアンフ
スピードトリプルS

3気筒エンジンに絶対の自信をもつトライアンフ。ラインアップするモデルの過半数が3気筒だ。新しくなったスピードトリプルは、ちょいワルおやじにピッタリ。飛ばすのもいいが、熟成された3気筒エンジンの艶やかさを味わいたい。

KTM
690 デューク

元々オフロードモデル専業だったKTMの名を一気に広めたのがデューク。マニアックなモタードだった時代を超え、守備範囲の広いネイキッドバイクに進化した。もちろん大排気量単気筒のパンチとフットワークの軽さは十分に味わえる。

>> 関連ページ　輸入スクーター…P32　ディーラー…P38　ネイキッド…P56

Motorcycle Again

変化するスクーター市場

ビッグスクーターブームの後、目につくのは通勤の125ccスクーターと輸入車のスクーターだ。日本車とはちょっと違った華やかさがある。

3輪、スポーツ、輸入車など多様化するスクーター

250ccクラスのビッグスクーターがめっきり少なくなった。このクラスは若い人が多く乗っていたから、裏を返せば若いライダーが減ったことを意味する。これは寂しい限り。スクーターからスポーツバイクへつなぐ道筋はないものか。

異彩を放つのは、ヤマハの「TMAX 530」。ヤマハのWebサイトでもスクーターではなく、スポーツバイクとして扱われている。BMWの大型スクーター「C650」もちらほら目にするようになった。ビアッジオの「MP3」は3輪スクーター。安定性はとても高い。懐かしいスタイルのベスパも人気だ。台湾製のスクーターは125ccクラスが中心だが、通勤の足としてがんばっている。

これら輸入スクーターを買う場合は、しっかりしたサポートを受けられるお店が望ましい。スクーターといえども輸入車なのだ。

スズキ スカイウェイブ タイプM

堂々としたスタイルの250ccスクーター。5つの走行モードを備え、好みで切り替えられる。マニュアルモードも装備。シート下の収納スペースをはじめ、実用性は申し分なし。

ヤマハ TMAX530

他のスクーターとは一線を画すスポーツスクーター。バイクが曲がるのでなく、自分が走っている空間がねじれ、勝手に曲がっていくような新しい走行感覚が魅力。

ピアッジオ
MP3 Yourban 300

MP3は人気の3輪スクーター。前輪が左右それぞれ上下することで、車体を傾けて走る独自の方式。現在、278ccの「Yourban 300」のみがラインアップ。

ベスパ **PX 150/125**

人気の高いベスパ。いまでは250ccモデルやスポーツモデルもラインアップするが、オリジナルのスタイルをもっとも色濃く残すのがこのPX。150ccと125ccが用意されている。

BMW **C650 Sport**

BMWの大型スクーター。エンジンは2気筒647cc。最高出力は60PS。最高速は180km/hにもなるという。ツーリングにも十分使えるパフォーマンスだ。スクーターらしくユーティリティも充実。

キムコ **Tersely GT125**

台湾の代表的な二輪メーカー、キムコ(KYMCO)。日本の税制に合わせた125ccモデル。16インチの大径ホイールを装備し、優れた安定性を発揮。ヨーロピアンスタイルもおしゃれ。

キムコ **XCITING 400i**

キムコの最新モデルがこれ。エッジの効いたスポーティなデザインと、上質なイメージを備える。400ccの単気筒エンジンを搭載し、ツーリングにも十分なパワーを誇る。

≫ 関連ページ　輸入車…P30　125ccクラス…P64

電動スポーツバイクの可能性

クルマではハイブリッドが当たり前だが、バイクでは電動バイクとなる。
普及はまだこれからだが、コミューター以上のものになる可能性を秘めている。

乗りやすい電動スクーター
形状が自由であるという魅力

クルマではハイブリッド車が当たり前になった。しかしバイクでは、ハイブリッドの可能性は低い。エンジンに加え、駆動用バッテリーとモーターを積むスペースがないからだ。そのためバイクの場合、一足飛びに電動バイクとなる。100％電気で走るバイクだ。

国内メーカーは電動バイクの開発をずっと続けていて、現在ではヤマハが「E-Vino」、ホンダが「EV-neo」を販売している。ただしEV-neoはリース販売のみだ。どちらも原付（50cc）と同じ扱いとなる。

以前、ヤマハの電動バイクに乗ったことがあるが、興味深い乗り味だった。まず音がしない。ヒューンというかすかなモーター音だけだ。そして、非常にUターンしやすい。たぶん爆発によるトルク変動がないためだろう。ハンドルをいっぱいに切ったまま、小さなボディがくるくると回るのには驚いた。さらにガソリン給油だけでなく、オイル交換も不要になる。これは新しい乗物だと思った。

これらの電動バイクはコミューターだが、さらに高いパフォーマンスのモデルも登場。BMWの「Cエボリューション」は、最大出力35kWのモーターを使用し、600ccクラスと同等のパフォーマンスが得られるという。すでに市販前のモデルが日本に持ち込まれ、あちこちで試乗されているので、興味があるなら調べてみてほしい。

電動バイクの可能性を見せてくれるのは右下の「zecOO」（ゼクー）。アニメに出てきそうなスタイルだが、考えてみれば、電動バイクに決まったレイアウトはない。モーターもバッテリーも、搭載位置は決まっていないのだ。今後、まったく新しい形が出てくるかもしれない。ちょっと楽しみだ。

ヤマハ E-Vino

ヤマハの発売する電動スクーター。原付（50cc）免許で運転できる。充電は家庭用の100V電源から。充電1回あたりの電気代は約14円。フル充電で29km走行できる。排気ガスも全く出さないからエコロジー＆エコノミー。滑らかな走りは電動バイクならでは。

ホンダ EV-neo

ホンダがリース販売するEV-neo（イーブイ・ネオ）。ヤマハのEビーノよりも実用車的な作りで、荷台もしっかりしている。急速充電器を使用すれば、わずか30分で80％まで充電できるところも実用的。

BMW C EVOLUTION

BMWの大型電動スクーター。常時出力11kW、最大出力35kWで、600ccクラスと同等の加速力を備えるという。4時間の充電で走行距離は100km。右のフレームの写真では、ボディのほとんどがバッテリーで占められているように見える。2017年をめどに日本でも販売される予定というから楽しみだ。

znug design zecOO

「znug design」はツナグデザイン、「zecOO」はゼクーと読む。すでに発売されている立派な公道モデル。ただし値段は888万円と高価。モーターにより最大トルク144Nmを生み出し、まるでリッターマシンのような加速力を得ている。それでいて普通二輪免許で運転可能。なにより、未来的なスタイルが目を引く

Motorcycle Again 13

教習所で取れる大型二輪免許

大型自動二輪免許が教習所で取得できるようになって久しい。
現在の二輪免許や2人乗りの規制を改めてまとめてみよう。

普通二輪と大型二輪は別免許
違反すれば無免許運転に

　現在、二輪の免許は排気量別で4種、さらにAT（オートマチック）限定が3種と、全部で7種類もある。

　最も排気量が小さいのが原付免許。50cc以下のバイクのみ乗ることができる。免許試験に実技はなく、学科試験のみで取得できる（合格後、講習がある）。とても簡単なため、バイクに乗る予定がなくても、身分証明書代わりに取る人がいるほど。

　次が125ccまで乗れる小型免許。正式には小型限定普通二輪免許という。3つめが400ccまで乗れる普通二輪免許。この2つは同じ免許で、小型には排気量125cc以下の条件が付くだけだ。その上が排気量制限のない大型二輪免許。これは普通二輪とは別免許になる。つまり小型免許で400ccに乗っても条件違反だが、普通二輪免許で大型に乗ると無免許運転になる。この違いは大きい。

　AT限定二輪免許は小型（125ccまで）、普通（400ccまで）、大型（650ccまで）の3種類。650cc以上ならたとえクラッチがなくても通常の大型二輪免許が必要になる。

　AT免許を取るのはバイクを足代わりと割り切って使う人がほとんど。簡単そうに思えるAT免許だが、意外にむずかしい。フロントタイヤが見えないため、一本橋の狙いがつけ

○免許証

左の例では「大自二」のみ表記があるが、普通二輪→大型二輪と順に取得すれば、右隣に「普自二」と表記される。有効期限の帯が金色なのは、過去5年間に交通違反のない優良運転者免許証、通称「ゴールド免許」のため。

※写真は説明のために制作したもので、本来の免許証ではありません。

づらく、急制動でもニーグリップできないので安定させるのが大変なのだ。これから免許を取るならAT限定ではない二輪免許を狙いたい。免許がないのならまず普通二輪、それから大型二輪を目指してほしい。

免許取得から1年以内は初心運転者期間となる。交通違反に対する免停などの罰則は基本的に6点からだが、初心運転者期間では3点以上で講習を受けることになる。受けなくてもいいが、そうすると免許の再試験になるから、強制と考えて問題ないだろう。

バイクの2人乗りは、免許取得から1年以上経過しないとできない。高速道路の2人乗りはさらに厳しく、年齢が20歳以上、なおかつ普通二輪免許か大型二輪免許を取得してから3年以上経過している必要がある。首都高速道路の中心部のように、バイクの2人乗りを完全に禁止している道路もあるので気をつけてほしい。

○ 普通二輪があれば大型は実技だけ

大型二輪の教習には、普通二輪の免許があることを条件にしている教習所が多い。つまり、先に普通二輪を取る必要がある。そのほうがトータルで早く、安く取得できるという。

○ 教習車

大型自動二輪の教習車は、最近ではNC750Sをベースにしたこ NC750Lが増えているようだ。以前はCB750が多かった。P40で紹介するように、ハーレーを選べるところもある。

○ 免許取得費用

普通二輪から大型二輪へのステップアップは、実技のみの教習で12時間（AT普通二輪からの場合は16時間）。がんばれば2〜3週間で取得できる。なお、右の教習費用は税別。

希望免許	所持免許	入学金	学科教習	技能教習
大型二輪 MT	普通二輪 MT	22,500円	—	52,800円 (12H)
	普通二輪 AT			70,400円 (16H)
普通二輪 MT (〜400cc)	普通車	10,500円	5,000円 (1H)	61,200円 (17H)
	なし・原付		69,000円 (26H)	68,400円 (19H)

※費用はコヤマドライビングスクールの例（2016年4月現在）。
※上記のほか、適正検査費用、教材費、技能検定費用などが必要。

>> 関連ページ　教習所 最新事情…P40

とりあえずショップへ行こう!

インターネットでも多くの情報が得られるが、生きた情報は現場にある。
バイクに乗りたいと思ったら、買わなくてもいいからショップへ行ってみよう。

第一に考えるべきは
ショップと長く付き合うこと

　バイクショップといえば、ホンダやBMWなど、それぞれの看板を上げた専売店(ディーラー)が頭に浮かぶ。新車はもちろん、中古車も扱っているから、こういったショップに行って、どんなバイクが欲しいか相談することからスタートする。

　バイクを購入する前に、ぜひ作業ピットを見せてもらおう。ピカピカに磨き上げてある必要はないが、薄汚れた感じがしたり、工具が整理されてないショップは信用できない。

　中古車専門のショップはどうだろう? 悪くはないが、心配なのはやはり整備の面。バイクを自分ひとりで維持するのは大変だ。面倒な整備もあるし車検もある。ショップに世話になることも多いものだ。

　知り合いから安くバイクを譲ってもらったのなら、元のショップに行けばいい。そのバイクをずっと見てきたわけだから安心だし、ショップも喜んでくれる。

　ネットオークションで買ったようなバイクはどうだろう? 素性のわからないバイクは整備を嫌がるショップもある。整備をどこに出せばいいかわからず、悩むことになる。これを「ネットバイク難民」という。右下で紹介している「モタロー」は、何でも直してしまう技術を活かし、そういったユーザーも歓迎している。ネットでバイクを買うのはあまりすすめないが、いざとなれば、こういう頼りになる店もある。

　そのほか、お店を選ぶポイントは、イベントをたくさんやっていること。バイク仲間を作る機会も増えるし、走行会や講習会ならバイクの腕も上達する。生きた情報はバイク仲間から得られるものだ。

　いくつか回って自分の肌に合った店を見つけたら、何度も通って相談しよう。どんな店でもまめにやってくる客を無下にはしないものだ。

● **国内ブランドのディーラー**

輸入車はもちろん、国内4メーカーも、専売のディーラーがメインになってきた。写真はカワサキ車を扱う「フリーダムナナ」(八王子)。KTMの店も併設している。

● **しっかりしたピット**

ショップの命は作業ピット。フリーダムナナ(八王子店)はリフトを4台装備し、タイヤチェンジャーも備えていた。

● **ショップのイベントが楽しい**

活発なショップは、お客さんを集めてツーリングやイベントを数多く行なっている。それ自体が楽しいのはもちろん、バイク仲間もすぐにできる。仲間がいれば、またバイクが楽しくなる。左はサーキット走行会、右はツーリング先での忘年会のカット。[写真提供：フリーダムナナ]

● **マニアックなお店もいい**

各メーカーの販売網には属さず、独自のやり方を守っているバイクショップもある。ふらっと立ち寄って、バイク談義に花を咲かせるのも楽しい。写真は東京・世田谷の「モタロー」。いちおうオフロードバイクが中心だが、ほとんどのバイクを直してしまう。ネットバイク難民も歓迎。二輪用スパイクタイヤのオーソリティーでもある。YouTubeで展開してる「バイク　グダグダトーク!!」も楽しい。

≫ フリーダムナナ…http://freedom7-kw.com/　モタロー…http://bikemotaro.web.fc2.com/

教習所 最新事情

ハーレーでも取れる大型二輪免許!

ヘルメットを預け
夜間教習なら仕事帰りでもOK

　最新の教習所はずいぶん様変わりしているという。最新事情を取材に東京・世田谷のコヤマドライビングスクールを訪れた。

　まずはそのきれいな外観や、明るい雰囲気のロビーに驚く。「教習所というと、昔は暗い、汚いというイメージがありました。それを払拭すべく、当社は5校すべて、校舎は美しく快適にデザインしています」と、コヤマドライビングスクールの田口さん。ドア越しに学科教習を覗くと、英語で授業をしている。「外国の方も非常に多いです」とのこと。

　驚いたのは教習車にハーレーが使われていることだった（もちろん通常の国産車の教習も選べる）。「たとえば、ハーレーではタンクが小さくてニーグリップしづらい。代わりにステップをはさむように教えます。ハーレーに乗りたいのなら、教習のときから同じバイクを使ったほうがいいし、そのほうが絶対に安全ですから」。ハーレーを用意している教習所はほかにもあるが、体験教習的なものが多い。ここのハーレーコースは、実技教習や検定など、すべてにハーレーを使用する。

　仕事をしている人にとっては、夜間の教習はありがたい。コヤマドライビングスクールでは、21:30まで教習を行なっている。「ヘルメットなどをお預かりしていますから、それこそ手ぶらで来ていただいて大丈夫。二輪免許であれば、早い方で半月、仕事の合間に通う方でもだいたい1カ月半ぐらいで取得されています」とのこと。

　どうせ免許を取得するなら楽しく取りたいものだ。

コヤマドライビングスクールの経営企画室長、田口治さん。「若いころより注意して、バイクを楽しんでください」と、リターンライダーへメッセージ。

●教習車にハーレー!?
コヤマドライビングスクールではハーレー(883R)を使った大型二輪の教習も行なっている。最初からハーレーを購入するつもりなら、これはありがたい。ハーレーのクセも教習で覚えられる。

●インストラクターも指名できる
教え方が上手くても、教官との相性が悪いと実習の意欲が落ちるもの。コヤマドライビングスクールでは、自分に合ったインストラクターを指名することができる。

●仕事帰りに手ぶらで教習所へ
ヘルメットなどを預けておけば、仕事帰りにそのまま教習所へ行ける。写真は無料で貸し出しているプロテクター。

●進化する教習所
昔、教習所といえば暗くて恐いというイメージがあったが、いまではすっかり姿を変えた。華やかで、楽しい雰囲気のなか運転を学ぶことができる。右の写真はサロンのような待合室。2階には明るくて広い待合室もある。(写真は二子玉川校)

>> コヤマドライビングスクール　http://www.koyama.co.jp/

バイクは2台持ちが理想

感覚がリフレッシュされて腕も上達!?

同じバイクに乗ることの メリットとデメリット

　バイクというのはおもしろいもので、1台のバイクにずっと乗っていると、そのバイクに体の感覚が慣れてしまう。ポジションやバイクの重さ、レバーやペダルのタッチなど、そのバイクが標準だと感じるようになる。もちろんバイクを上手くコントロールするのに慣れはとても大切だが、慣れすぎるとそのバイクの特性や異常も感じづらくなる。

　そこですすめたいのがバイクの2台持ちだ。乗り換えるたびに運転する感覚がリフレッシュされ、改めてバイクの特性が細かく見えてくる。「あれ？　低速でこんなに重かったっけ？」とか、「ブレーキの効きが甘くなってるんじゃないか？」など、気づくことが多いのだ。これが自分の技術の向上や、バイクの調整のきっかけになることも多い。

　幸い、バイクはクルマほど保管場所を取らないし維持費も安い。ぜひ2台のバイクを所有してほしい。

○ スポーツバイクとオフロード車

2台持つなら、できるだけキャラクターの違うバイクがいい。スポーツバイクとオフロード車があれば、バイクの楽しさを幅広く味わえる。オフロード車は舗装路を走っても楽しい。

○ トランスポーター

さらに余裕があれば、トランスポーター（通称トランポ）がおすすめ。バイクで走ったら積み込んでのんびり帰ってくることもできるし、修理に出すのもラクチン。

CHAPTER

2

あなたにぴったりの バイク選び

バイクのジャンルは多様化している。
どんなバイクがあるが、どんなバイクが自分に合うか、
じっくりと考えてみよう。バイクを買う前の時間も楽しい。

Bike Selection 01

憧れのバイクに乗ろう!

バイク選びはいろいろ。しかしいちばん大切なのは、
乗りたいバイクがあるかどうか。まずはそこから始めよう。

後悔しないために
いちばん乗りたいバイクに乗る

この章では自分に合ったバイクや、魅力的なバイクを考えていくが、まず、自分が憧れているバイクがあるかどうか? ここから始めよう。

乗っていなかったけれど、ずっと心に温めていた憧れのバイクがあるのなら悩むことはない。そのバイクを手に入れるために最善を尽くしてほしい。

特に憧れのバイクもなく、何年も乗っていなかった人はどうだろう? 現在の流行や、自分がどんなバイクに乗れるかもよくわからないというなら、この次のページからじっくり読んでほしい。

欲しいバイクが決まれば、乗れる・乗れないというのは二の次。足着き性はなんとでもなる。シートを薄いものに変えたり(ローシート)、サスペンションに手を入れてローダウンすればいい。最近のバイクはとても乗りやすい。高性能すぎて乗りづらいことはほとんどない。乗りた

ハーレーダビッドソン
ツーリング FLHTK TC ウルトラリミテッド

ハーレーの大型ツーリングモデル。圧倒的な存在感と、ハーレーでしか味わえない走りがある。いまもって究極のビッグバイクだ。

ビモータ
DB9

「二輪のフェラーリ」といわれるビモータ。希少性ではフェラーリ以上かもしれない。圧倒的な作りのよさと、濁りのないパフォーマンスが魅力。

●あなたの憧れのバイクは？

ずっと心に温めていたバイクがあるのなら、それを手に入れるのがいちばん。「あなたに似合わない」「乗れないに決まっている」などという外野の雑音は気にしてはいけない。もちろん、家族を説得する必要はあるかもしれないが。

いという気持ちがいちばん大切だ。

シビアな言い方かもしれないが、あと何年バイクに乗れるか考えてみてほしい。10年か20年かかわらないが、時間が限られているなら、乗らずに後悔するよりも、乗ってみてあきらめたほうがはるかに健全だし、幸福になれる。

買ったはいいが、自分に合っていなかった、乗りこなせなかったのなら、別のバイクに乗り換えればいい。経験が糧になるから、今度は大丈夫。状態がよければ下取り価格も高いはず。新しいバイクの元手になる。

せっかくバイクに乗るのなら、憧れをあきらめてはいけない。

ホンダ
NR

ホンダの記念碑的モデル。世界で唯一、楕円ピストンを使用した市販車。私も一度だけサーキットで乗ったことがある。タコメーターの針が半分ほどまで動いたところで、リッターマシンを全開にしているようなパワー感だった。新車時の価格は520万円、発売は限定300台。いまとなっては、まず手に入らない。

>> 関連ページ　バイクのジャンル…P48

オトナのバイクの条件

尖がったバイクは楽しいものだ。それでないと得られない楽しみがある。
しかし、乗るのに気が重くなるのはいただけない。等身大で付き合いたい。

疲れないために必要なのは素早いレスポンス

オトナにとって、どんなバイクがいいか考えてみる。

まず目を引くのはスーパースポーツのような、パフォーマンスの高いバイクだろう。休日に日常を忘れて走り回るのもバイクの楽しみのひとつ。しかし歳をとると、そのためにテンションを上げるのが大変で、気が重くなることもある。その結果、あまり乗らなくなったら実にもったいない。

では、ゆるいバイクがいいかというと、それも微妙だ。たとえばツーリングバイクは"ダル"なほうがいいと思っているなら、それは大きな間違いだ。長時間走って疲れると体の反応が遅くなるが、バイクの反応まで遅いと、その修正のためによけいに疲れてしまう。ツーリングバイクはしっかりレスポンスしてくれたほうが疲れも少ない。

オトナが乗るのだから、クオリティも求めたい。ボディの質感や操作感だけでなく、ハンドリングにもクオリティがある。曲がることが気持ちいいバイクを選びたい。

そのほか、ざっとまとめてみると、こんな具合。1.ムダに速さを追求していないが、遅くはないこと。2.必要にして十分なパワー。中速域が豊かで疲れないこと。3.ハンドリングのレスポンスがよく、クオリティが高いこと。4.高い質感のボディや操作系。5.よく考えられたデザイン。6.できれば乾燥重量200kg以下（装備では＋20kg程度）。

結局のところ、バイクが主ではなく、乗り手が主になれることが大切だ。バイクに振り回されるのは、楽しいことではない。

もちろん、一点買い的な選び方も悪くない。「エンジンのフィーリングがたまらない。これ以外にない」といった選び方だ。ハーレーやトライアンフにはそれがある。

BMW F800S

BMWのミドルクラスモデル。一見、何の変哲もないバイクだが、ワインディングがとてつもなく楽しい。コーナーがまったく恐くない。もちろん実用性も十分。オトナのスーパーハンドリングマシンだ。現在は販売が終了し、F800GT（P53参照）がラインアップしている。

ホンダ
VFR1200F

V型4気筒のスポーツツアラー。スロットルとリアタイヤが直結したようなトラクションに感動する。存在感のあるデザインと高い独創性も魅力。難点は少々重いことだが、それを感じさせない。

ヤマハ
FZ1 Fazer

YZF-R1系のエンジンを搭載する万能モデル。街乗りからツーリング、スポーツ走行まで、すべてのシチュエーションで楽しい。ヤマハらしいしなやかさをもつ。オトナのためのバランスマシン。難点はシートが高めなことか。

>> 関連ページ　トラクション…P22　スポーツバイク…P52

Bike Selection 03

バイクのジャンルは多様化している

昔はロードバイク／オフロードバイクのように、分類が単純だった。
ここでは複雑化しているバイクのジャンルを整理してみた。

見た目だけでは判断できないこともある

 通常のスポーツバイクから最初に派生したのは80年代のスーパースポーツ群。いわゆるレーサーレプリカだ。その反動としてカウルのないネイキッドや、ゆったり走れるアメリカンなどが人気を得て、ネイキッドはよりクラシカルに進化した。

 オフロードモデル、通称オフ車もレプリカと同じように過激になり、その後、数を減らした。走れる林道が減ったためもあるだろう。ちなみにこの「オフロード」は舗装されていない道のこと。基本的に道路以外は走ってはいけない。そしてオフ車にロードタイヤを履かせたモタードや、それを専用設計にしたストリートファイターが生まれた。

 アドベンチャーは、本来アフリカツインのような長距離オフロードモデルなのだが、そのイメージをロードモデルに載せたモデルが増えてきた。これが日本でのツーリングにちょうどいい。

● スポーツバイク
ごく普通のロードバイク。高速道を使ったツーリングが多いなら、カウルがあったほうがラク。なぜか、こういった普通のスポーツバイクが減っている。写真はBMW F800GT。

● スーパースポーツ
スポーツを優先したロードバイク。乗りやすくなったとはいうものの、キツイポジションは相変わらず。申し訳ないが、この本では重視していない。写真はホンダ CBR600RR。

● ツアラー／アドベンチャー

ゴールドウイングのような大型ツアラーは日本では大きすぎる。いわゆるアドベンチャーモデルが増えてきて、これがツーリングにピッタリ。写真はスズキのVストローム650ABS。

● ストリートファイター／モタード

レスポンスがよく、バイクのコントロールを楽しむモデル。かっこよく乗るにはジャックナイフぐらいできる腕が必要。気持ちの若い人向け。写真はドゥカティ ハイパーモタード。

● クルーザー／アメリカン

レイドバックしたポジションと独自のエンジンで、移動そのものが楽しめる。ハーレーがその代名詞。実はのんびりバイクではない。写真はハーレーのXL1200C。

● ネイキッド／クラシック

昔ながらのバイク然としたスタイルが特徴。ネイキッドといえば4気筒が多かったが、よりクラシックさを求めて2気筒モデルが増えてきた。写真はカワサキ W800。

● スクーター

オートマチックと収納スペース、ラクなポジションが特徴。しかしTMAX（写真）のようなスポーツスクーターもあり、簡単にひとくくりにはできない。可能性の高いジャンル。

● オフロードモデル

いわゆるオフ車。これも数が減った。長いサスペンションで走破性を優先したモデルが多い。のんびりオフツーリングが楽しめるとなると、写真のセロー250ぐらいか。

》 関連ページ　アドベンチャー…P54　ネイキッド…P56　クルーザー…P58

Bike Selection 04

現在の人気はNC750XとMT-09／07

このところ人気の高いのがホンダのNC750X、ヤマハのMT-09／MT-07だ。しかしこれらのモデル、まるでキャラクターが違うのがおもしろい。

のんびりツーリングのNC750X 街でも楽しいMT-09

NC750Xは、アドベンチャーイメージのツーリングモデル。試乗して最初に思ったのは、「こりゃコケようがないわ」だった。圧倒的な低重心のため、極低速でも安定している。いかにも大型のバイクを振り回しているという充実感も得られる。ただ、ワインディングを飛ばすのは大変。重心が極端に低いため、右に左にバンクさせるのが忙しい。のんびりゆったり走るのが似あう。

NC750XにはDCTモデルも用意されている。ゆるいだけのオートマとは違い、しっかりトルクを伝えてくれる。長くバイクを離れていて、シフト操作が不安という向きにはいいかもしれない。

対してMT-09は元気バイク。オフ車ベースのモタードに近い感覚で、街の中でもメリハリをつけた走りができる。845ccもあるのにコンパ

ホンダ NC750X

NC700Xの進化版。ほとんど水平に寝かせた745ccの直列2気筒エンジンは、位相クランクを採用。カウルは小型だが、風防効果は高い。通常タンクがある位置は大きなトランク。うまくするとヘルメットも入る。シートの低いローダウンモデルも用意されている。右の写真のように、アクセサリーも充実。また、ネイキッドタイプの「NC750S」もある。

クトで重さを感じない。しかし、年配ライダーにとっては、元気すぎて疲れるかもしれない。

そこでおすすめは、カウルの付いたMT-09トレーサー。20kg近く重いが、そのぶん落ちついた走りが可能になる。高さが調整できるシートやスクリーンもうれしい。

MT-09の弟分がMT-07。MT-09よりもおとなしいとはいえ、基本的なキャラクターは受け継いでいる。タイトなワインディングを走り回るのが楽しい。MT-09よりもさらに軽く、街中でも持て余さない。MT-07にもトレーサー仕様が登場すると噂されている。

ヤマハ
MT-09

845ccの3気筒エンジンを搭載した元気モデル。各バイク紙で絶賛され、人気も高い。トラクションコントロールや走行モード切り替えシステムも搭載。クラシカルなデザインでMT-09の性能をもつ「XSR900」もある。

ヤマハ
MT-09 トレーサー

MT-09にカウルをつけたようなモデルだが、各部のセッティングは異なる。ハンドルも幅広い。ツーリングに使うなら、MT-09よりもこちらがおすすめ。アクセサリーも豊富。

ヤマハ
MT-07

位相クランクを採用した688ccの並列2気筒エンジン。MT-09の弟分的な存在だが、パワーは十分。スリムなボディは軽快で、十分足代わりに使える。引き換えに高速道路では少々落ち付かない。

>> 関連ページ　位相クランク…P22　DCT…P28　タイヤ…P146

Bike Selection 05

バランスのいい普通のスポーツバイク

スーパースポーツでもなく、ツアラーでもない普通のスポーツバイク。
これが基本型。とはいうものの、このところ減少傾向なのが寂しい。

レースを指向しないことで
バイクの自由度が上がる

　サーキット走行も考慮したスーパースポーツは、とても高い荷重を想定して設計されている。だから市街地や日本の狭いワインディング程度では、サスペンションなどが十分に仕事をしていないことがある。最近のスーパースポーツはよくできていて、サーキットも楽しいし、市街地でも不満はないのだが、本来の性能を引き出すためには、それなりの速度域で走らせる必要がある。

　その昔、レプリカ（スーパースポーツの前身）を走らせて驚いたことがある。路面に食いつくような感覚で強烈に曲がっていくのだが、コーナリング中にまったく左右に動けない。まるでレールの上を走っているようだった。「こんなバイクはイヤだ」と、強く心に刻んだ記憶がある。バイクはレースを指向しないことで自由になれることに気づいた。

　逆に、ゴールドウイングやハーレーのツーリングファミリーなどの本格的な大型ツアラーは、米国や欧州のハイウエイを延々と走り続けるようなシーンを想定している。日本の道ではもったいないし、持て余すことも少なくない。

　結局のところ、ごく普通のスポーツバイクがいちばん楽しく、バランスのいいモデルが多いように思う。軽い前傾姿勢のポジションで、疲れにくい。エンジンも中速域重視で、無理にパワーを絞り出していない。そのため扱いやすく、楽しめる領域も広い。ネイキッドでもいいが、高速に乗るなら小さくてもカウルはあったほうがいい。

　ただ、こういったモデルは地味に見えるせいか、減っているのが残念。ドゥカティにも、以前は900SSという空冷のモデルがあって、とてもいいバイクだった。もっとも、900SSを普通のバイクとするには無理があるかもしれないが……。

ヤマハ
FZ1 Fazer

欧州で定番モデルのフェーザー。ちょっと高めのポジションから、どのようにでも車体を振り回せる。圧倒的な安心感に包まれたまま、ワインディングを駆け抜けることが可能。

ホンダ
VFR800F

VFR1200Fが独創的すぎるため、歴代VFRの直系モデルはこのVFR800Fとなる。扱いやすく、自在にトラクションが生み出せるV4エンジンが特徴。ただ、受注生産なのが寂しい。

カワサキ
Ninja 1000 ABS

同じようなデザインが多いのでわかりづらいが、レース指向のZX系と、スタンダードなNinja系は別もの。Ninjaは乗りやすくパフォーマンスも高い。カウルのないZ1000もある。

BMW
F800GT

BMWとしては実にあっさりした造りのスタンダードモデル。この普通さがいい。エンジンはBMWが設計し、ロータックスで作られる水冷2気筒。ベルトドライブでメンテナンスフリー。

》 関連ページ　バイクのジャンル…P48　ネイキッド…P56

Bike Selection

06

ツーリングを満喫したい!

日本国内のツーリングなら、どこでも停められるサイズのツアラーがいい。
アドベンチャースタイルのロードモデルがおすすめ。

同じようなスタイルでも中身はまるで違う

　実は、ツーリングはどのバイクでも行ける。スーパースポーツでもスーパーカブでも問題ない。本人のやる気次第。しかし、そういってしまうと身もフタもないので、快適に旅ができるモデルを考えてみよう。

　何度か述べているように、本格的なツアラーは日本には大きすぎる。おすすめなのは、アドベンチャースタイルのモデルだ。「アフリカツイン」などの大型オフロードモデルが本来のアドベンチャーだが、これに似たスタイルのロードモデルが増えている。NC750XやMT-09トレーサーなどもこのジャンル。トライアンフのタイガーも、昔はブロックタイヤを履いたオフロードモデルだったが、途中からロードモデルに移行し、人気を得ることになった。

　こういったアドベンチャーモデルは適度にコンパクトで扱いやすく、体が立ったポジションで視界もいい。カウルもあるので高速もラク。万能に使えるバイクでもある。

　ただ、乗り味は車種でまったく違う。ビッグバイク然としたゆったりモデルもあれば、スーパースポーツ並みに走るモデルもある。買う前に、ぜひ試乗してほしい。

ヤマハ
FJR1300

欧州指向の高速ツアラー。大きいといえば大きいが、そこは日本車、取り回しはそれほど悪くない。都内でもたまに見かける。上手い人が乗っているというイメージがある。

スズキ
バンディット1250S ABS

ネイキッドから発展したオールラウンダーモデル。エンジンは1,254ccの4気筒。ビッグトルクの余裕を感じながらハイウエイやワインディングを楽しめる。フルカウルの1250Fもある。

スズキ
Vストローム1000 ABS

1036ccのV型2気筒エンジンを搭載するアドベンチャーモデル。スズキ二輪初のトラクションコントロールを装備。安心してアクセルが開けられる。同スタイルの650モデルもある。

トライアンフ
タイガー800XRx

800ccのエンジンは、トライアンフ得意の並列3気筒。タイガー800にはいくつかモデルがあるが、XRxは最上位モデル。ライディングモードの切り替えも可能。ローシート仕様もある。

ドゥカティ
ムルティストラーダ1200

90度のLツインエンジンは1200ccで152PSを発揮。タイヤは190サイズ。アドベンチャーモデルでもドゥカティは熱い。トラクションコントロールや走行モード切り替えなどを装備。

Bike Selection 07

ネイキッドからモダンクラシックへ

バイクらしいスタイルのネイキッド。レプリカの反動で生まれたジャンルだが、いまも人気が高い。よりクラシカルなスタイルのモデルも増えている。

クラシカルに乗るならエンジンに個性を求める

ネイキッド＝裸。カウルを持たない、昔ながらのバイクらしいスタイルのモデルのことをネイキッドという。その代表はCB1300 SuperFourだろう。大柄なボディで、いまも人気が高い。4気筒エンジンのネイキッドは総じて乗りやすく、低速でも安定している。

ネイキッドはスポーツバイクからカウルを外したようなモデルが多いが、一方で、エンジンを含めてよりクラシカルなスタイルとしたモデルもある。これがモダンクラシック。

先鋒となったのはカワサキのW650（W800の先代モデル）だろう。まるでOHVかと思わせる直立2気筒エンジンを搭載し、古き良き時代のバイクを表現した。SR400もクラシカルだが、これは40年近く作られ続けたため、結果としてクラシカルになったという希有な例。走らせると、想像以上に楽しいバイクだ。

海外に目を向けると、トライアンフがモダンクラシックに注力している。直立2気筒のボンネビルをはじめ、カフェレーサーのようなスタイルのスラクストン（THRUXTON）やスクランブラーなどをラインアップしている。

ホンダ
CB1300 SuperFour

ホンダ・ネイキッドの旗艦。大柄でバイク然としたスタイルはいまでも人気が高い。むき出しの水冷4気筒は迫力がある。驚くほど乗りやすいのも特徴。足さえ着けば、誰でも乗れる。

カワサキ
W800

フィンをもつ空冷2気筒エンジンが美しい。カムシャフトはベベルギヤで駆動するOHC。大排気量の2気筒というと強い振動を予想するかもしれないが、意外なほどジェントルだ。

ヤマハ
SR400

初代モデルは1978年登場と、異様に息の長いモデル。単気筒らしいドコドコ感は健在。セルスターターを持たず、キックで始動する。カスタムのベース車としても人気が高い。

BMW
R1200R

スポーツモデルのR1200RSなどと基本的な構成は同じ。そういった意味では、ベース車からカウルを外すという、ネイキッド本来の出自。むき出しになったボクサーツインは美しい。

トライアンフ
ボンネビルT120

古い英国車風のデザインが見事。空冷に見える1197ccの直立2気筒エンジンは、実は水冷。クランクも270度の位相クランクと、最新技術を投入している。ぜひ一度、試乗を。

>> 関連ページ　位相クランク…P22　スポーツバイク…P52

Bike Selection 08

ゆったり風を受けて走るクルーザー

レイドバックしたポジションでゆったり乗れるアメリカン。
元祖はいうまでもなくハーレーだが、そのハーレーはもっと先を行っている。

不思議なほど楽しい
ハーレーの乗り味

　日本でいうところのアメリカンバイク。世界的にはクルーザーとしたほうが通りがいいだろう。低く、前後に伸びたスタイルで、乗り手は直立か、レイドバックしたポジションとなる。延々と続くハイウエイを走り続けるためのスタイルで、旋回性よりも直進安定性を重視している。

　エンジンにもそれに合わせたキャラクターが求められる。ゆったりと急かされないトルク重視型で、音や鼓動もクルージングを楽しむ要素となる。現在ではほとんどがV型などの2気筒になった。V型といっても、ドゥカティのVツインやホンダのV4とはまったく異なる。設計次第でエンジンは別物になるのだ。

　これらクルーザーの本をただせば、いうまでもなくハーレーにある。ハーレーの世界を再現しようと、多くのモデルが作られた。しかし、いまでもハーレーとそれ以外のクルーザーは別物だ。ハーレーは実によく走る。特にダイナやスポーツスター系は、コーナーさえ楽しい。独特の味わいを持っている。もちろんほかのクルーザーが楽しくないわけではないが、ハーレーとは違った楽しさだと考えていいだろう。

ヤマハ
BOLT

941ccの空冷Vツインエンジンを搭載するクルーザー。北米で人気のクルーザースタイルを取り入れた。シンプルな外観で、都市近郊など、ショートライドでの快適な走行性を備える。

ハーレーダビッドソン
ダイナ FXDL ローライダー

ビッグツインエンジンを搭載し、高い走行性能を備えるのがハーレーのダイナファミリー。ローライダーは、ダイナの源流ともいえるモデル。可変式プルバックライザーでポジションの変更も簡単にできる。

ハーレーダビッドソン
ソフテイル FLSTF ファットボーイ

ソフテイルは、カッコよさで選ばれることが多く、カスタムのベースとしても人気が高い。まるでリジットのように見えるフレームが特徴。2016年のファットボーイはホイールを17インチとし、走行性能もアップした。

ハーレーダビッドソン
スポーツスター XL1200T スーパーロー

ビッグツインとは一線を画す、高い走行性がスポーツスターファミリーの特徴。ハーレー初心者バイクではない。ビッグツインよりひとまわり小柄で、日本人の体格にもちょうどいい。スーパーローは大きなタンクやバッグが特徴。

トライアンフ
サンダーバード

1,597ccもある巨大な2気筒エンジンを搭載したクルーザー。270度の位相クランクを採用し、Vツインとはひと味違った鼓動感を生み出している。ボディも大きく重いが、これがキャラクターになっている。

≫ 関連ページ　エンジン形式…P20　位相クランク…P22

Bike Selection 09

あのころの旧車に乗りたい

若いころ乗っていたバイク、乗りたかったけど乗れなかったモデル。
現在でもそれに乗ることができなくもない。しかし相当に苦労するはずだ。

人気バイクはプレミア付き
不人気モデルは廃車に

CB750FOURやZ2（750RS）などのオールドバイク。いまでも手に入らないことはないが、プレミアが付いて、程度のいいものはとんでもなく高い。新品の輸入車が余裕で買える。パーツの入手をはじめ、維持していくのも大変だ。それでも乗りたいというなら、お金と手間がかかることを肝に銘じてほしい。

ただ「○○風」はやめたほうがいい。たとえばZ2風に改造したゼファーなどを見かけるが、あれは憧れをむき出しにしても許される若者向けで、オトナには似合わない。

今風の尖ったスタイルにはついていけないというなら、旧車風スタイルを纏ったモダンクラシックはどうだろう？ 最新の技術で作られているので、安心して走ることができる。旧いバイクは走行性能もそれなりなのだ。

ホンダ ドリーム CB750FOUR

「ナナハン」を世界に知らしめた功労車。初代発売は1969年。量産で初となる並列4気筒エンジン。世界初のディスクブレーキなど、新技術のかたまりだった。乗り味は4輪のアメリカ車のような感覚。ドーっと延々と走り続ける。いまでも週末のパーキングなどで目にする。

カワサキ　GPZ900R ニンジャ

1984年に発売されたスポーツツアラー。カムチェーンを左に寄せた水冷4気筒、ダウンチューブを廃したフレームなど、アイデアに満ちていた。

カワサキ　Z1

1972年に発売された903ccのビッグバイク。国内向けに用意されたのが750RS、通称「Z2（ゼッツー）」。CB750FOURよりも現代的。

スズキ　GSX750S カタナ

ハンス・ムートによるデザインで爆発的な人気を得た。その後、400ccや250ccクラスでもカタナのデザインが再現された。

ヤマハ　RZ250

「2ストロークの灯は消さない」というキャッチフレーズで1980年に登場。当時としては驚異的な性能で、後のレプリカブームの元になった。

スズキ　RG250 ガンマ

1983年発売。水冷エンジンはもちろん、アルミフレームまで採用。GPからそのまま抜けだしたようなスタイルで、レプリカブームの火つけ役。

≫ 関連ページ　モダンクラシック…P56

気軽に付き合える250ccクラス

車検がないため維持費が抑えられる250ccはいまも昔も人気のクラス。
2008年のニンジャ250R以降、楽しいモデルが増えている。

回して乗る2気筒もいいが単気筒も楽しい

日本では250cc以下のバイクは車検が要らない。これはとてもありがたく、人気のクラスでもある。一時はビッグスクーターばかりだったが、変化のきっかけは2008年に登場したニンジャ250R。これが実にいいバイクだった。安定性が高く、乗りやすい。かといってゆるいバイクではなく、エンジンをブン回せばキレのいい走りを見せてくれる。熟成を重ね、現在ではカウルのないZ250も併売されている。

ヤマハのYZF-R25もほぼ同じキャラクター。相当な高回転型エンジンで、最大トルクを10,000rpmで発揮する。こちらもカウルレスのMT-25が用意されている。

注目したいのはカワサキのニンジャ250SL／Z250SL。単気筒モデルだが、車両重量がたった149kg／148kgしかない。2気筒のニンジャより20kg以上軽いのだ。中速域のトルクとレスポンスは、軽い車体をコントロールするのに十分以上。ツーリングを含めてオールマイティに使うなら2気筒、マニアックに走りを楽しむなら単気筒がおすすめ。最高出力の数PS程度の差よりも、車重の軽さに注目してほしい。

ホンダ
CBR250R

単気筒エンジンのスポーツバイク。CBR1000RRのようなデザインだが、最大トルクを比較的低い回転で発揮し、乗りやすい。単気筒なのに重めの車重が残念。ネイキッドのCB250Fもある。

ヤマハ
MT-25

YZF-R25と同じエンジン・フレームのネイキッドモデル。こちらのほうが少し軽い。水冷2気筒のエンジンは高回転型。同じフレームの320ccモデルもある。車検を気にしないなら、こちらを選ぶのもいいかも。

カワサキ
Ninja 250

カワサキの人気モデル。乗りやすく、オールマイティに使える2気筒。回しても楽しい。ABSモデルや特別仕様車など、バリエーションが豊富。カウルのないZ250もある。

カワサキ
Z250SL

軽さが武器であることを証明した注目の単気筒モデル。力強い中回転域と心地よいピックアップ。フルカウルのニンジャ250SLもあり、こちらのほうが1kg重い。

ヤマハ
セロー250

オフロードモデルだが、オンロードでも楽しい。道を選ばないオールマイティーなバイク。スクリーンやキャリアなどをパッケージにしたツーリングセローも用意されている。

≫ 関連ページ　エンジン…P20

125ccクラスにミニトレの面影を見る

ファミリー特約が使える125ccクラスは足代わりに最適。
スクーターが多数を占めるが、乗って楽しいバイクを選びたい。

マニュアルモデルは少ない
おすすめはKLX125

その昔、ミニトレというバイクがあった。50ccながらパワフルな2ストのエンジンを小さなボディに載せた楽しいモデルだった。これが80ccモデルとなると、いまの125ccよりも元気がよく、どこでも自在に走ることができた。皆、こぞっていじりまくったものだ。

現在の125ccクラスは大半がスクーター。通勤の足代わりに使われている。スクーターも悪くないが、もうちょっと楽しい125ccクラスはないか……と考えると、いつもこのミニトレを思い出す。

現在、それらしいモデルを考えると、カワサキのKLX125しかない。これが実によくできている。フレームやサスペンションはしっかりしているし、回せばパワーもちゃんとある。少し練習すれば、ウイリーぐらいできるようになる。ほぼ同じ構成のDトラッカー125も悪くないが、ホイールが小さいぶん、多少楽しさが限定されるようだ。

いずれにしても、125ccクラスは自動車保険のファミリーバイク特約が使える。わずか数千円で任意保険に入れるのだから、使わない手はない。

ヤマハ
GT50 "ミニトレ"

ミニトレは"ミニトレール"の意味。70年代、一世を風靡した人気モデル。これでバイクの面白さを覚えたライダーは多い。ホイールは前15インチ／後14インチ。50ccは4PSだが、80ccは6PSを発揮し(後期型)、実によく走った。

カワサキ KLX125

コンパクトなデュアルパーパス。125ccなので、本格的な林道は大変だが、足代わりにしたり、ちょっと遊んだりするにはちょうどいい。

カワサキ Dトラッカー 125

KLX125のオンロード版。といっても、ホイールの違いで、ふたまわりも小さく見える。エンジンをブン回して走れば、けっこう速い。

ホンダ グロム

遊び心あふれるレジャーバイク。ホイールは前後12インチを採用。車体は小さくても、乗る人の体格は選ばない。ギヤはマニュアル4速。

ホンダ スーパーカブ110

言わずと知れた世界的ベストセラーバイク。壊れず、燃費がよく、何でも運べる。これ1台あれば、生活が豊かになること間違いなし。

ヤマハ トリシティ125

前2輪、後1輪の3輪スクーター。二輪の125ccと同じ免許で乗れる。前2輪による高い安定性と、独特のデザインが特徴。

スズキ アドレスV125S

「通勤快速」と呼ばれる125ccスクーター。50cc並みのコンパクトなボディ、パワフルなエンジンで、ストップ&ゴーや小回りが得意。

≫ 関連ページ 保険…P74

Bike Selection 12

ヘルメットはあなたの命を守る

ヘルメットはいいものを買おう。ちゃんとしたヘルメットが買えないなら、
バイクはやめるぐらいのつもりでいてほしい。

バイクにとってほぼ唯一の パッシブセーフティ

いうまでもなく、ヘルメットをかぶらなければバイクに乗ってはいけない。ヘルメットはライダーを守る最も重要なもの。しっかりしたものをかぶってほしい。

形状でいえば、フルフェイスか、顔全体を覆うシールドのついたジェット型（オープンフェイス）。それ以外はすすめられない。シールドなしで高速道路を走っていて、蜂などが飛んできて目に当たったら、かなりの確率で失明する。

規格でいえば、PSC（SG）、JIS（T8133）、スネルの順に厳しくなり、PSCマークのないものは公道で使用できない。実際に買うなら、スネル規格をクリアしたものにすべきだ。これは、耐えられる衝撃のレベルが……といった話ではなく、スネル対応製品は、メーカーが真剣に安全を考えて作ったもの、という証明になるからだ。

規格以上に重要なのがサイズ選び。実際にかぶって首を強く左右に振ってみる。それで動くようならまだゆるいということ。最初はかなりきつく感じるぐらいでちょうどいい。

ヘルメットは高くて3〜5万円。それで安全が買えるなら安いものだ。

●ライダーを救ったヘルメット

転倒し、路面で強烈に頭部を擦った跡が残るヘルメット。もしヘルメットをかぶっていなかったら……、ヘルメットが安いものだったら……と考えるとゾッとする。最近は後頭部が尖ったデザインのヘルメットが登場しているが、すすめられない。転倒時にそれが何かに引っかかる可能性もあるからだ。[写真提供：アライヘルメット]

●フルフェイス（アストロ・プロシェード）

アライのツーリングモデル「アストロ」に、下のプロシェードを加えた製品。高速道路が多いなら、ジェット型よりフルフェイスがラク。

●フルフェイス（RX-7X）

アライのトップブランド。レーサーも愛している。通常のグラスファイバーよりも、強度が40％も高い特殊なグラスファイバーを使用。

●ジェット型（CT-Z）

バイザーを装備したアライのジェット型。陽射しを遮り、視界を確保する。アライではジェット型のことをオープンフェイスと呼んでいる。

●ジェット型（MZ-F）

アライのジェット型だが、頬まで帽体を回り込ませることで、フルフェイスと同じようなフィット感が得られる。ジェット型の定番モデル。

●オフロードタイプ（ツアークロス 3）

オフロードも想定したマルチパーパスモデル。息苦しさを抑え、泥などを排出しやすいようアゴの部分が伸びている。

●プロシェードシステム

シールドに別のひさしを付け、必要なときだけ下ろして強い陽射しを遮るアライのシステム。上のアストロを参照。

≫ アライヘルメット　http://www.arai.co.jp/jpn/top.html

しっかりしたウェアで安全に走る

バイクに乗るならバイクジャケットを着るのがベスト。
防風、防寒、耐衝撃性など、専用品だけあって、実によくできている。

プロテクターがあると安心 ハデな色のほうが目立ちやすい

以前、ウェアメーカーの人に聞いたことがある。冬用のバイクウェアは、南極探検隊のウェアより手間がかかっているのだそうだ。その理由は、「南極では100km/hで走らないから」なのだという。この"走る"ことがバイクウェアが高度にならざるを得ない理由だ。

ライダーの体はいつも風にさらされるから、体温を奪われないように守らなければならない。袖や衿など、二重三重に保護される。逆に夏であれば、積極的に風を取り込んで汗や熱を逃がす工夫が必要になる。

バイクジャケットは必ず試着して選びたい。重ね着するのであれば、普段下に着るものを持っていって着てみるのがいい。体を動かして、無理がかからないかチェックする。

デザインは好みで選べばいいが、少しでも安全に乗りたいのなら、赤や黄色などの派手な色をすすめる。黒やグレーに比べて夜間の視認性がはるかに高い。

最近はプロテクター付属、もしくはプロテクターが入れられるものが増えてきた。手足は折れてもそのうち治る（例外あり）。危険なのは頭から首、背中（脊髄）だ。この部分を重点的にカバーしたい。胸用のプロテクターも登場している。衝突の際に、自分のバイクのメーターやミラーから体を守るためだ。

冬の防寒なら、防寒インナー（防寒アンダーウェア）を合わせて着るのがおすすめ。インナーがあるとないとでは、まるで違ってくる。行き先でのインナーの脱着が面倒というなら、オーバーパンツという手もある。暑くなったら脱いでバッグにしまえばいい。ブーツを履いたまま着脱できるオーバーパンツもある。

夏用のジャケットは5月の連休、冬ジャケットであれば10月には売り切れてしまう。遅れないように。

●レザージャケット

レザージャケットは高価だが、長持ちする。何よりかっこいい。写真は、K0672 アンフィニッシュドジャケットⅡ。(クシタニ。以下同)

●レザーパンツ

レザーはジーンズなどに比べて安全なだけでなく、ライディングもしやすい。K1062Z ダスティーモトパンツⅡ。

●テキスタイルウェア

一般的なテキスタイルを使ったウェア。サイズやデザインはいろいろ。K2237 レイジャケット。

●テキスタイルボトムス

テキスタイルのライディング用ズボンもいい。写真の製品はエアインテークも装備。K2242 パルスボトムス。

●プロテクター

写真のものはジャケットに装備するタイプだが、ベルトが付いて、単体で付けられるプロテクターもある。K4363(脊髄)K4362(肩&肘)CEプロテクター。

●メッシュジャケット

全身メッシュのテキスタイルでできているジャケット。真夏でも涼しい。K2239 アエラートジャケット

●オーバーパンツ

フルオープンなら、ブーツを履いたまま脱ぎ着できる。K2648 サイドフルオープンオーバーパンツ。

≫ クシタニ　http://www.kushitani.co.jp/

Bike Selection 14

見る人は見ているグローブ&ブーツ

グローブをしていない、くるぶしを出しているといったライダーは、
運転や安全に対する意識が低いことを意味する。つまり、カッコ悪いのだ。

シューズは専用品がいい グローブはやわらかさ優先

バイクに乗るのに、必ず革製のライディングブーツが必要というわけではない。私もバイクに乗り始めてから、バスケットシューズやアウトドアシューズなど、いろいろ試した。しかし結局のところ、バイク用に作られたシューズがいちばん安全で安上がりだという結論に落ちついた。

選ぶポイントは、まず、くるぶしまで保護する高さがあること。次にサイズと足首の動かしやすさ。足首は頻繁に動かすものだ。サイズはちょっとキツめぐらいがいい。靴の中で足が動いていしまうと、ペダル操作がうまくできない。

グローブも同じ。操作性優先で選びたい。多少プロテクションが弱くても、やわらかくて操作しやすいものがいい。とっさの場合に指が動かしづらかったら、プロテクション以前の問題なのだから。

冬の寒さから手を守るには、ハンドルカバーが最強。新聞配達のカブについているアレだが、びっくりするほど温かい。

❌ くるぶしの出る靴はダメ
転倒した場合、くるぶしはバイクと路面に挟まれやすい部分。私も一度骨折した。くるぶしを覆う高さの靴を履いてほしい。

ハンドルガードがあれば軍手でも
グローブは滑り止め付きの軍手でもいける。ただし防寒性はないに等しく、枝などの尖ったものにも弱い。ハンドルガードとのセットがいい。

●ライディングシューズ

レーサーのようなレザーブーツばかりがバイクシューズではない。街になじむシューズもある。写真はクシタニ K4581 アドーネシューズ。

●長めのライディングシューズ

くるぶしを十分に覆う高さがあること。素材は合皮や、ナイロンなどの合成繊維が多いようだ。写真はエルフのエヴォルツィオーネ03。

●高性能なバイクグローブ

多重構造システムの甲部パッド、皮革を重ねることで動かしやすくした指の部分など、グラブも高性能化している。クシタニ K5164 エアーGPSグローブ。

●シンプルデザインのグローブ

撥水牛革を採用したシンプルな3シーズングローブ。クルーザーやモダンクラシックにはこちらのほうが似あう。クシタニ K5300 シングルグローブ。

●防寒にはハンドルカバー

冬の寒さから手を守るには、ハンドルカバーを超えるものはない。最近はおしゃれなデザインのものが増えてきた。写真はコミネのAK-021 防寒ネオプレーンハンドルウォーマー。

●最強のライディングブーツ!?

最強のライディングブーツは、実は長靴。雨の日のも全く濡れず、犬のウンチも恐くない。ただし、長時間履いていると蒸れるのが難点。

>> クシタニ　http://www.kushitani.co.jp/　エルフ　http://elf-footwear.jp/

Bike Selection 15

バイクを安全に駐車する

駐車場所を取らないバイクは、どこにでも気軽に停められる……、というのは昔の話。出先での駐車と自宅での保管を考えてみた

プロの盗難を完全に防ぐにはガレージに入れるしかない

まずは出先での駐車について。東京の都心では取り締まりが厳しく、ヘタなところに停めるとバイクでも駐禁が切られる。バイク用のパーキングを探して停めるしかないが、これが実に少ない。事前にチェックして出かけたい。路上のパーキングスペースを使ってもいい。もちろん料金はしっかり払うこと。

自宅での駐車で気になるのは盗難だ。バイクの盗難は減っているとはいえ、年間43,000件も発生している（2014年）。盗まれやすいのは人気のバイク。小型のスクーターが多いが、ハーレーやBMWの盗難も多い。後者はプロの手口だろう。

若いヤンチャ者、いわゆるコゾーによる盗難の場合、盗んでから自分で乗り回し、飽きたら捨てるというパターンだ。後日バイクが見つかることもあるが、キーが壊され、適当に横倒しされるなど、悲惨な状況になっていることが多い。

コゾーによる盗難やいたずらを防ぐには、盗む気にさせないこと。カバーをかけ、しっかりとしたチェーンロックで施錠する。イモビライザーもいい。盗みづらいと思えば、手を出される危険はぐっと下がる。

問題はプロの窃盗だ。彼らにとってはバイクカバーやチェーンロックはないに等しい。事前に調査し、フェンスの中に停めてあるバイクもレッカーで持ち上げて盗んでいく。彼らからバイクを守るためには、ガレージの中に入れるしかない。高価なバイクに乗っているなら、盗難保険も検討すべきだろう。

● バイクも駐車違反になる

都心での駐禁取り締まりは、車道、歩道にかかわらず行なわれる。ただ、反則金を払えばそれ以上のお咎めはない。違反点数も加算されない。

○バイク用パーキング

バイク用の有料駐車場があればいいが、非常に少なく、あっても125cc以下の小型車用が多い。事前にチェックしてから出かけたい。

○路上のパーキングスペース

停めるところがなければ、路上に設けられたパーキングスペースを使ってもいい。もちろん料金を払い、チケットをわかるように貼っておく。

○チェーンロック

写真の製品は長さ1m、太さ25mmで、価格は5,000円程度と手ごろ。これでもまだ不安に思うなら、重さ数10kg、数万円という強烈なチェーンロックまである。さて、プロに通用するだろうか？

○バイクカバー

バイクを保護するカバーだが、盗難防止のためにもかけておきたい。バイクを見えなくすることで、コゾー除けの効果がある。

○バイク用ガレージ

高価なバイクであれば、ガレージで保管したい。ガレージ代のほか、施工費用も必要。貸主の了解を取って、クルマの月極め駐車場に建てた例もある。

○レンタルガレージ

近所にレンタルガレージがあればラッキー。こういった個室タイプのガレージからバイクが盗まれたという話は聞いたことがない。

Bike Selection 16

保険は安さよりも人とサービス

**保険は最後の命綱。人を傷つけることが少ないバイクでも、必ず加入を。
保険料を抑えるには、自分側の補償をどう抑えるかを考えよう。**

いい保険屋は近所にある 長い目で付き合おう

　バイク（自動車）の保険には、自賠責と任意の2種類がある。自賠責は強制保険ともいわれ、これに入ってないと車検は通らないし、乗ることもできない。保険料は一律だ。

　問題は任意保険。まず保険会社をどこにするか？　最近ではインターネット保険が増えているが、そこで主流のリスク細分型保険では、バイクはリスクが高いとみなされる場合が多い。つまり保険料が安くないのだ。おすすめは近所の大手保険会社の代理店。知り合いがいればなおいい。そこで自賠責や任意保険はもちろん、家庭や子どもの保険などもすべてまかせてしまおう。つまり保険のパートナーになってもらうのだ。すると事故の有無にかかわらず、つまらないことでも相談できるようになる。代理店も長く付き合っている客にはいつも親身になってくれる。

　任意保険の内容だが、まず対人・対物の無制限が必須。「バイクなのだから、相手のクルマを壊すことは少ないはず」と、対物を抑えることもできるが、保険料はあまり変わらないこともある。

　悩ましいのは人身傷害と搭乗者傷害。両方加入すればいいのだが、保険料を抑えるなら、人身傷害を優先したほうがいい。たとえば事故の過失割合で、こちらに負担が発生する場合、人身傷害保険がそれをカバーしてくれる。

　そのほか、バイクのロードサービスがあるか確認しよう。JAFでもいいが、年間4,000円必要になる。車両保険は自分側のバイクの保険だが、これが実に高い。高価なバイクなら、保険料が年間10万円を超えるはずだ。加入しなくてもいいだろう。

　ちなみに125cc以下のバイクなら、クルマの保険のファミリーバイク特約がいい。わずか数千円でクルマと同じ保険がかけられる。

◆自賠責保険 保険料

	1年	2年	3年	4年	5年
125cc以下	7,280円	9,870円	12,410円	14,890円	17,330円
126〜250cc	9,510円	14,290円	18,970円	23,560円	28,060円
251cc以上	9,180円	13,640円	18,020円	—	—

◆任意保険 保険料の例

			担保年齢条件		
			全年齢	21歳以上	26歳以上
125cc以下	基本 ※	新規	64,630円	39,470円	
		10等級	29,900円	22,820円	
	基本+人身傷害	新規	71,500円	45,400円	
		10等級	32,870円	25,990円	
126cc以上	基本 ※	新規	113,410円	59,680円	44,330円
		10等級	50,870円	33,630円	28,280円
	基本+人身傷害	新規	133,460円	74,820円	56,820円
		10等級	59,490円	41,710円	35,830円

※被保険者45歳、保険期間1年、運転者限定なし、対人・対物賠償無制限、搭乗者傷害500万円。
※任意保険の保険料はあくまで目安。保険会社、条件などで変化する。

任意保険の表は、搭乗者傷害を基本に含め、人身傷害をオプションとして付加しているが、本文で触れたように人身傷害を優先することもできる。等級は「ノンフリート等級」のことで、保険を使わなければ等級が上がり、保険料が安くなる。新規（6等級相当）と10等級の保険料の違いに注目。5年で半分以下になる。がんばって無事故を続けよう。

○ 保険がなければ安心して走れない

私事ながら、保険はもう20年以上、同じ代理店に世話になっている。ほとんど保険を使うことはなく、現在は上限の20等級まで上がっている。保険料はクルマ2台、バイク3台で年間10万円くらい。これを高いと思ったことは一度もない。それで得られる安心感のほうがはるかに大きい。

One Point Guidance 03

タイヤは履歴書
走り方がタイヤに現われる

タイヤの状態や減り具合に意識や走り方が見て取れる

バイクは車体をリーンさせて（傾けて）曲がる。だからタイヤの形状も、クルマと違って断面が丸くなっている。これが摩耗していくうちに、妙な形になることもある。その人の乗り方がタイヤに現われるのだ。

よくあるのは中央だけ摩耗しているタイヤ。街乗り中心で、あまりリーンさせない走り方では、真ん中だけ減ってしまう。タイヤの空気圧が低い場合も同じ傾向になる。

段減りもまれに見る。これはサイドも減っているのだが、中央との間に山のような段がつくこと。スムーズなリーンでなく、直進から一気に倒しこんでいるとなりやすい。タイヤの空気圧が高すぎても段減りになる傾向がある。ただ、乗り方との相性もあって、タイヤを違うタイプに変えただけで、段減りしなくなった人もいる。

サーキットを走り込むと、中央はあまり減らず、サイドだけが減っていき、三角のタイヤになる。極端な場合は、サイドの部分がえぐれて逆Rになることもある。タイヤは走りの経歴を表す履歴書なのだ。

○ 偏りのない摩耗

オフロードタイヤだが、段付きもなく、ほぼまんべんなく減っている。スムーズに傾けている証拠だ。

○ 中央だけ摩耗

中央だけ平らになり、左右は減っていない。直線ばかり距離を走っているとこうなる。

○ 交換が必要

タイヤの溝が完全に無くなっている。このまま走ればバーストするかもしれない。

CHAPTER

3

バイクの「上手い」は「安全」と同じ

誰だってバイクに乗っていて事故には遭いたくない。
安全のためにはテクニックも必要だ。
しかしそれ以上に大切なのは、運転に対する意識だ。

バイクの安全の考え方

バイクは乗員の体がむき出し。だから転倒や衝突でダメージを受けやすい。
だからこそ、事前に避ける、かわすといった運転が必要になる。

自分が悪くなくても事故に遭ったら負け

バイクにはクルマのようなボディがなく、乗員の体がむき出しになってる。安全を考える上で、これがすべての根本になる。

右のイラストのように、安全性の確保はパッシブセーフティ（受動的安全性）とアクティブセーフティ（能動的安全性）に大別できる。クルマのエアバッグなどは、パッシブセーフティの代表的なもの。事故の際には膨らんだエアバッグで乗員を守ってくれる。バイクはというと、パッシブセーフティとして使えるのはヘルメットやウェア、プロテクターなど、ごく一部に限られる。あまり多くは期待できない。

もうひとつ頭に入れておくべきは、ほとんどの道は混合交通であるということ。バイクもクルマも同じ道を利用し、台数はクルマのほうがはるかに多い。そのためバイクの事故の大半はクルマが相手となる。

私もいままで何度か事故に遭った。こちらに原因のないもらい事故ばかりだ。相手の保険で新車に買い替えたこともある。それでも、結局のところ損のほうが多い。仕事に支障が出て信用をなくすなど、お金に換えられないものが多いのだ。どんな事故でも遭うべきではない。

バイクは、クルマの運転以上にまわりを観察・予測し、事故を未然に防ぐ運転が必要になる。つまり、クルマと同じように走ってはいけない。ぶつかったら弱いのだから、ぶつからないように避けたり、かわす運転を心がけるべきだ。

事故の発生はどちらからの運転者が悪い、といった単純な理由でないことも多い。互いの読み違いであるとか、意思の疎通がうまくいかなかった場合だ。だからバイクは、自分の走り方を相手にイメージさせることも大切になる。バイクが安全に走るためには、社会性が必要なのだ。

○ アクティブセーフティとパッシブセーフティ

アクティブセーフティは事故を未然に防ぐ対策、パッシブセーフティは事故が起きたときに被害を最小限にする対策。バイクのパッシブセーフティはあまり期待できない。ABSやトルクコントロールはアクティブセーフティの機構だが、それだけで事故を避けることはできない。

○ 戦うのではなく、かわす走りを

クルマとバイクでは、車体の大きさも、運動性も、見える視界もまるで違っている。異なる乗物が同じ道を走っているのが混合交通（以下URL参照）。その中で安全を確保するためには、まわりとできるだけ交わらないようにするのがいい。戦うのでなく、かわす走りが必要だ。

>> 混合交通　http://news.mynavi.jp/column/motorlife/020/

バイクの上手さは技術と意識が半々

バイクの運転は上手いほうが安全だが、一朝一夕で技術は上達しない。
しかし意識を変えるだけで、安全性を高めることもできる。

ウインカーを出すだけで安全性は格段に上がる

たとえば前を走っているクルマが急ブレーキをかけたとする。それでもフルブレーキで止まれるテクニックがあれば事故にはならない。しかし、バイクに乗り始めたばかりで、あまり上手くない場合はどうすればいいか？ 答えは簡単。車間距離を十分にとって走ればいいのだ。

つまらないことだと思うかもしれない。しかし、絶えず自分の状況を考え続け、安全のための最善の走りができるだろうか？ この考え続けることがアクティブセーフティにとって、とても大切だ。

車線変更をする場合、後ろのクルマも車線変更を考えているかもしれない。タイミングが重なれば、追突されることになる。であれば、早めにウインカーを出し、後ろに合図してから車線変更すればいい。ウインカーを出すのにテクニックは要らない。意識だけでいい。

ついでに、クルマがバイクのことをどう見ているか？ 大方のドライバーは「じゃまだなぁ」と思っている。これはバイクとクルマでは、車体の大きさや走り方がまるで違うため。本来は住む世界が違うのだ。

クルマを運転する場合、前のクルマのテールなどを見て車間距離を判断する。バイクが前にいる場合でも、さらにその前のクルマのテールが見えるのが普通。すると、バイクと自車ではなく、つい前のクルマと自車で車間距離を考えることになる。バイクはその間にいるわけだから、やはりじゃま者だ。

バイクの車体が細いためもあるが、クルマは本当にバイクを見ていない。それは認識しておくべきだろう。そうすれば急に割り込まれても、「見えてないのだから仕方がない」と腹も立たない。存在を示すには、手を挙げて挨拶するなど、積極的にアピールしたほうがいい。

❌ 中央線寄りで右折待ち

右折で信号待ちの例。いちばん前に出た状態で、中央線寄りにいるのは危ない。交差する道からやってくる右折や左折のクルマに引っかけられるかもしれない。普通の乗用車だけでなく、大きなトレーラーや初心者の運転するクルマも走っていることを意識しよう。

⭕ 中央線から離れて右折待ち

写真では少々わかりづらいが、先頭での右折待ちは、中央線から離れて左寄りで止めるのが正解。比較的安全だ。しかし、中央線に頑丈な中央分離帯があるなら、中央線寄りに停めても大丈夫。臨機応変に、常にまわりと自分の位置を把握して走るようにしてほしい。

⭕ 前に出るならまわりに認識させる

交差点での巻き込み事故が多い。バイクが見えていないから起こる。前に出るなら、必ずまわりのクルマに自分を認識させること。クルマと横並びでは停まってはいけない。クルマから見づらくなる。ちなみに信号待ちで前に出る行為（すり抜け）は、完全にまわりのクルマが停車していて、まっすぐ進むのに十分なスペースがあるのなら違反ではない。

⭕ 右直事故を意識する

もうひとつ交差点の代表的な事故は、右折の車両と直進の車両が衝突する右直事故。自分が右折する場合はもちろん、直進で抜ける場合も気を許してはいけない。写真のように、堂々と目立つように走ればまず危険はないが、クルマの後ろについて走っていると、右折のクルマが「直進車はもういないだろう」と早合点して右折を始めることもある。

≫ 関連ページ　視界の確保…P84

Safe Riding 03

「怖い」を大切に

バイクに乗っていて「怖い」と思うことがときおりあるはず。
その「怖い」感覚は、バイクの運転が上達するために、とても大切なものだ。

理由があるから怖いと感じる
理由がわかれば次に進める

スピードを出しすぎて怖かった、タイヤが滑りそうで怖い思いをした、等々、バイクは怖い思いをすることが多い。誰だって怖い思いはイヤだが、この「怖い」という感覚はとても大切なものだ。

たとえば高速道路を100km/hで巡行していたとする。そこで前輪がブルブルと震え出したら、たいていのライダーは怖くなるか、そこまでいかなくても不安になる。「タイヤの空気が足りないのか？」「サスペンションの異常か？」など、いろいろ考える。お尻を前にずらしたり、ニーグリップを強くすることで、とりあえず震えが収まる場合もある。次のパーキングでタイヤに空気を補充し、震えが収まれば一安心。空気圧が不足していたことがわかる。怖さや不安には必ず理由があるのだ。

バイクは異常の多くを音や振動で伝えてくる。たとえばチェーン音がうるさかったらチェーンが伸びているか、オイルが切れているはず。急にビビリ音や細かな振動が始まった

● なぜ怖いのか？

怖いのは理由がわからないから。怖い理由がわかって対処できれば怖くなくなる。その場で対処できなければ、とりあえずスピードダウンだ。怖いと感じながら走り続けて、いいことはない。まれに、バイクがまったく怖くないという人もいる。天才肌のとても上手いライダーか、そのうちに大きな事故に遭ってバイクを降りるか、どちらかだろう。

ら、どこかのネジが弛んでいる可能性が高い。バイクが発するメッセージを感じ取ろう。

一方で、怖さはライディング上達のためにも大切だ。たとえばコーナーに入るのが怖いとする。ツーリングで他の仲間は普通に走っているのに、自分は怖くてついて行けないような場合だ。バイクの性能が明らかに違うのなら仕方がないが、特別飛ばしてもいないなら、自分の乗り方がおかしいのかもしれない。

コーナーの入口でしっかりイン側に顔を向けているか？　肩に力を入れてハンドルを押さえ込んでいないか？　など、チェックすべき点は多い。ブレーキレバーを握るなど、手に力を入れることはあるが、ハンドルを押さえ込んではいけない。教習所で「肩の力を抜け」とさんざん言われたはず。バイク運転の基本だ。「怖い」と感じたら、その原因を考え、ひとつずつクリアすればいい。これが運転の上達や、バイクをよりよくするためのポイントになる。

○ コーナーの入口

コーナーの入口で怖かったら、自分の曲がり方がおかしくないか、チェックしてみる。ほかのライダーに意見を聞くのもいい。先が読めなくて怖いなら、やはりスピードを落とそう。

○ バイクの異常を感じる

バイクに異常がある場合、まずは音や振動で知らせてくる。オイルやプラスチックが焦げるようなイヤな臭いがしたら、かなりヤバい。オイル漏れやオイル下がり、プラグまわりの漏電でケーブルが溶けている可能性もある。ガソリンの異臭にも気をつけたい。原因不明ならショップへ行こう。

>> 関連ページ　予測…P84　コーナーを曲がる…P100

常に視界を確保し、危険を予測する

衝突に弱いバイクは、事前に危険を察知しないといけない。
そのために優先すべきは視界の確保だ。遠くまで見通して運転しよう。

ラインをずらし
10台先を見ながら走る

　クルマの走り屋は夜を選んで走る。ほかのクルマがいないというのが主な理由だが、ヘッドライトの明かりだけでも走れる点も大きい。しかしバイクはそうはいかない。クルマに比べて路面変化にナーバスなため、路面の細部まで見える明るさがないと思いきって走れない。

　安全性の面でも、バイクにとって「見る」というのはとても重要だ。事前に危険を察知するため、走りながら可能な限り遠くまで視界に入れる。大型車などが前にいて先が見えないなら、追い抜いてしまうか、車線を変えたほうがいい。

　バックミラーはいつもチェックする。街中はもちろんワインディングでもミラーを見ること。自分より速いバイクはいくらでもいる。私も気づいたらバイクが横に並んでいて、ヒヤッとしたことがある。街の中ではミラーだけに頼らず、首を回して直接見るのがいい。ミラーには死角がある。見えないところからクルマが近づいてくることも多いのだ。余談だが、白バイはミラーの死角に入るのが実に上手い。

　もうひとつは車間距離。前のクルマが急に止まっても、追突しないだけの距離が必要だ。まっすぐ止まるだけでなく、左右いずれか、逃げられる方向を常に確保しておく。イメージとしては、前のクルマがその場で爆発しても、巻き込まれないぐらいの空間がほしい。

　まわりの音にも注意する。排気音、サイレン、工事の騒音など、音は状況の変化を知らせてくれる。だから音楽を聞きながらバイクを走らせる人の気持ちが私にはわからない。クルマとは違う。認知が遅れて衝突したら、ケガするのは自分なのだから。音楽をかけてもいいと思えるのは空いた高速道路か、北海道の一本道をゆったり流しているときぐらいだ。

❌ 視界が遮られる

クルマのすぐ後ろにつけると、前が見えなくなる。特に前を走っているのが背の高いワンボックスやトラックではどうしようもない。

⭕ 遠くまで見わたす

車線を少し変えるだけで、前方まで見わたせる。慣れたバイク乗りは、クルマ10台分ぐらい前まで見ているのが普通。

❌ 車間距離が短い

フルブレーキでもクルマのほうが安定しているため、初心者でもいきなり止まることがある。車間距離が短いと、バイクは追突してしまう。

⭕ 反応できる車間距離を

もし前のクルマがその場で急停止しても、避けられるだけの車間距離をとること。止まれないなら、逃げる方向を常に確保する。

⭕ ミラーはいつも見る

左右のミラーは、車線変更の際はもちろん、絶えずチェックする。自分のまわりがどうなっているかを常に把握しながら走ろう。

⭕ 首を回して後ろをチェック

ミラーは映る範囲が狭く、死角もある。首を回して直接見るほうが安心だ。日ごろから後ろを見る練習をしておこう。

≫ 関連ページ　安全の考え方…P78

Safe Riding 05

クルマの種類で危険は変わる

バイクの事故といえば、相手がクルマであることがほとんど。
相手のことを知っておけば、事故も減らせるはずだ。

仕事中のクルマは
運転の意識が低くなる

「タクシーには近寄るな」というのは昔からいわれていること。お客さんを拾うために交通の流れを無視して、いきなり左に寄せて停まることがある。気をつけるクルマの筆頭だ。とはいうものの、彼らを単純には責められない。生活がかかっているのだから、ある意味、仕方がない。

こちらはタクシーの動きを知っておけばいい。お客さんを拾うのは歩道側だから、タクシーの左側に入らないようにする。「空車」サインで遅いクルマはお客さんを探しているのだから、さっさと右側から抜いてしまおう。お互いに気を煩わせることがない。

タクシーは動きがパターン化している分、避けるのもラク。それより気をつけたいのが営業車だ。会社の名前の書かれた白いバンやワンボックスが多い。彼らは運転ではなく、仕事のことで頭がいっぱいになっている（場合がある）。すると非常に注意散漫な運転になる。いきなり車線変更したり止まったりする。ただ、週末はほとんどいないのがありがたい。一方で、週末は普段運転していないドライバーがハンドルを握る。ウインカーを出さない、いきなり曲がるなど、危険な動きが実に多い。

車種でいえば、まずプリウスに気をつけたい。プリウス自体が悪いわけではない（とてもいいクルマだ）が、初心者が運転していることが多い。フィットや軽自動車、ファミリー向けのワンボックスもそれに近い。昔ならハイソカーが同じだった。「わ」ナンバーのレンタカーも、運転に慣れてない人が乗っていることが多い。

峠道では、飛ばしているポルシェなどのスポーツカーを見つけても、絶対に追いかけてはいけない。クルマとバイクは走行パターンがあまりに違う。併走はとても危険なのだ。

○ タクシー
注意すべきクルマの筆頭だが、動きを覚えてしまえば意外に危なくない。絶対に左に入らないこと。ウインカーを出さないことが多いので注意。

○ 営業車
仕事で頭がいっぱいなのか、注意散漫な運転の営業車をよく見かける。もちろん全てではないが、危うきには近寄らずがバイク乗りの基本。

○ ダンプ・トラック
大きな車体なので、急に動くことはほとんどないが、土や砂利を落としていく場合がある。直後には絶対つけないように。

○ ワンボックス・SUV
背が高いため、前方が見づらい。リアウインドウを通して見ることもできるが、最近はフィルムなどで中を見えなくしている場合も多い。

○ レンタカー
いわゆる「わ」ナンバーのクルマ。いうまでもなく、運転に慣れていない人が乗ることが多い。熟練者からすると不思議な動きをすることがある。

○ ヤンキー車
車高が低かったり、羽根のついているクルマは、とても不安定な走りをすることがある。ただ、本当の走り屋のクルマは驚くほどおとなしく走る。

≫ 関連ページ　運転の意識…P80　視界の確保…P84

危険な場所をチェックする

交差点が危ないのは誰でも知っているが、危険な場所はいくつもある。
注意したつもりでも、さらにトラップのような危険が待ち構えていることもある。

ファミレスや看板は危険を示す黄色信号

交通事故の多くが交差点で発生している。だから交差点内とその手前30mはすべて追い越し禁止だ。

交差点はわかりやすいが、それ以外にも危険な場所はいくつもある。たとえば、ファミレスの出入口は「信号のない交差点」といわれるほど。ファミレスを見たらアクセルを戻し、片側2車線以上あるなら、右側の車線に移ったほうがいい。駐車場のあるコンビニも同じだ。

峠道で見かける工事中の看板。いきなりダンプが出てくる可能性もあるが、それより土や砂が路面にばら撒かれていることのほうが危険だ。カーブで砂に乗ったら即転倒だ。同じように、竹や樹木がトンネルのように覆い被さっている道路では、落ち葉が積もっているかもしれない。特に秋から初冬にかけて注意してほしい。

危険を感知しながら走っていても、罠のように事故にはまることがある。右ページのイラストは私が遭った事故の例。事故例①は、まだ私がバイクに乗り始めたころ。こちらが優先道路で、左の狭い道からクルマが顔を出した。クルマが一旦停止したのを確認して、その前を通過しようとしたら、いきなり出てきて衝突した。一旦停止したのはいいが、左右の交通をまるで見ていなかったのだ。それから私は一旦停止の標識を信用しなくなった。

事故例②は、右折待ちのクルマの陰からバイクがUターンで飛び出し、左車線まではみ出てきたところに接触した。文字にすると逃げられる時間がありそうだが、実際にはほんの一瞬のこと。右折待ちのクルマはチェックしていたが、その脇から出てくるとは思わなかった。

危険は予想を超えてやってくる。危険な場所のデータを、日々アタマに蓄積してほしい。

ファミリーレストランの出入口

確認せずにクルマが出てくることもあるし、前を走っているクルマが急に左折して入ろうとして、巻き込まれることもある。

工事中の看板

峠道などで見かける看板。ダンプがいきなり出てくるというだけでなく、路面に土や泥が落ちていることも多い。工事中の看板を見たらスピードダウンだ。

バス停

バス停からいきなり人がとび出してくることもある。バスが停まっているときはもちろん、バスがいない場合でも注意したい。

トンネル状の竹藪や樹木

写真のような場所は、路面に落ち葉が積もっていることがある。スリップに注意。しかし下ばかり見ていると、今度は上から枯れ枝が落ちてくる(体験談)。

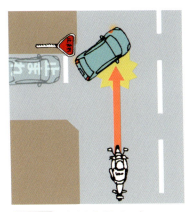

事故例❶ バイクを見ていない

細い左からの道。一旦停止でクルマが止まったのを確認し、そのまま通過しようとしたら、いきなりクルマが出てきて衝突した。一旦停止しただけで、バイクを見ていなかった。

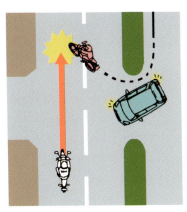

事故例❷ クルマの影からバイク

バイク対バイクの事故。交差点で右折待ちのクルマの影から、Uターンのバイクが突然出てきた。しかも1車線で曲がりきれず、左側車線まで飛び出したため、避けきれずに衝突した。

>> 関連ページ　車線変更(走行ライン)…P90

走行ラインの交わりに注意する

走行ラインといっても、サーキットの走り方の話ではない。
街の中や郊外を走る際、走行ラインが交わらなければ事故は起きない。

ハンドル幅のラインがずっと前に伸びているイメージ

事故は、バイクとクルマなど、それぞれの走行ラインが交わるところで起きる。正面衝突でも後ろからの追突でも、ラインの交わりという意味では同じだ。道を走っているとき、自分の走行ラインがイメージできているだろうか？　その車線すべてが自分のラインと思ってはいけない。ハンドル幅（いちばん広い部分）がずっと前に伸びているとイメージしてほしい。それが自分の走行ライン。もちろんラインは前車までで終わる。この自分のラインに他車のラインが交わらなければ事故は起きないのだ。

だからたとえ同じ車線内を走っているとしても、ふらふらと左右に蛇行してはいけない。そこは他車の走行ラインかもしれない。同じ車線内にほかのバイクがいる可能性もあるし、クルマが車線を変えようと動き出しているかもしれない。車線内で左から右に移動するような場合でも、軽くウインカーを出して、それから動くぐらいの気持ちでいてほしい。これは峠道でも変わらない。

「そんなことはない。車線全部が自分の車線だ」と思うかもしれない。たとえば原付バイクが左端をゆっくり走っている場合、追いついたクルマが原付について走ることはまれで、たいていは追い抜いていく。それを見た警官が違反で捕まえたという話は聞いたことがない。

道交法は、車線を変えて前車の前に出る「追い越し」については厳しく規定しているが、車線を変えずに前に出る「追い抜き」については寛容だ。というか、追い抜きという言葉すら載っていない。

法の解釈はいろいろある。何が正しいかよりも、自分はどう振舞ったら安全かを考えてほしい。車線全部が自分のものだとふんぞり返るより、自分のラインをタイトにイメージしたほうが安全なのは間違いない。

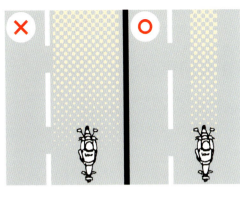

○ 自車の前だけが自分のライン

自車の幅だけが自分の走行ラインだとイメージできれば、そこに入ってくるクルマや自転車だけに注意すればいい。安全性が高まる。これは峠道でも同じ。アウト・イン・アウトなどの走り方も避けたいところ。

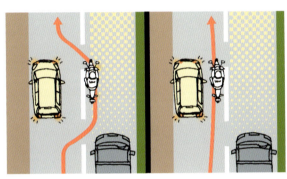

○ ラインが重なる部分が危険

障害物などで走行ラインを変えなければいけない場合は、後ろを確認し、ウインカーで合図してからラインを変える。イラストでは停車するクルマのすぐ脇を抜けているが、実際にはクルマのドア幅以上のスペースを空けよう。

○ ラインが重なったら挨拶を

他車の走行ラインの前に出るのは、事故の可能性を高めるわけだから、悪いことだと認識してほしい。ウインカーを出すだけでなく、軽く手を上げて挨拶するのが大人のライダーというものだ。また、ウインカーは車線変更などに合わせて出すものではなく、これからラインを変えるという乗り手の意思を示すもの。だから、ウインカーを出して数秒は直進し、まわりの車両に認識させてからラインを変えるようにしたい。

≫ 関連ページ　安全の考え方…P78

自由に動ける位置が最適ポジション

ここからはテクニックの話をしよう。といっても峠道を飛ばすためのものではない。より安全に、スムーズに走るためのものだ。まずはポジションから。

ポジションは妥協しない素早くスムーズに動けること

バイクを思いどおりに動かすため、最初に必要なのは、自由に動けるポジションだ。バイクのポジションというと足着き云々の話がよく出てくるが、実は、安全のためには足着きはそれほど重要ではない。極論すれば、足が着かなくて転倒しても、たいしたケガはしないものだ。

私流の最適なポジションの探し方は、シートに跨がり、上下にバイクを揺らしてみる。それで前後のサスペンションが同じように上下する（ように感じる）ポジションを探す。これでお尻の位置が決まる。お尻の位置が2cm変わるだけで感覚は変化する。その位置からハンドルなどの操作が支障なく行なえることを確認する。どうにもフィットしないのなら、サスペンションの調整やハンドル交換、レバー交換も検討しよう（P148参照）。

昔はステップの上に立ってまっすぐ腰を下ろすという決め方があったが、忘れたほうがいい。クルーザーだと、タンクに座ることになる。

普段走っているときは、ニーグリップはあまり気にしなくていい。雨の日や一本橋のような狭い場所を走るときに、スッと挟み込めればいい。それより大切なのはくるぶしグリップ。くるぶしや踵でバイクをはさむようにする。特にハーレーのようにニーグリップが期待できないバイクでは、これが有効だ。

くるぶしグリップもできないスクーターなら、脚を前に投げ出し、前方のステップボードとシートで体を固定するように乗ると安定する。体重のほとんどがシートにかかるスクーターはお尻に意識を集中して乗ろう。コントロールしやすくなる。

最適ポジションといっても、ずっと同じところに座りっぱなしではない。Uターンやワインディングなど、状況によって微妙に変えるもの。街

乗りなら、いわゆる「プレス乗り」が有効だ。腰を引きぎみにしてステップにつま先を乗せ（ニーグリップしやすくなる）、上体は使わず下半身だけで瞬間的にバイクをコントロールする乗り方だ。できれば視線を高くして、歩行者や割り込んでくるクルマをチェックしやすくするのがいい。

正しいポジション
上下に揺すって前後のサスペンションが同じように動く位置が乗りやすい。といっても、ポジションには流儀があるので、一例として見てほしい。

ニーグリップは臨機応変に
教習所で教わるニーグリップだが、いつも締めつけている必要はない。滑りやすい路面になったり、急ブレーキのときにキュッと締められればOK。

前すぎるポジション
前すぎるポジションは、とっさの場合にバイクが素早く動いてくれない。操作にも支障がある。ただし、Uターンでは前寄りに座る場合がある。

くるぶしグリップを覚える
ニーグリップよりもこちらを意識しよう。ステップの上でダンスを踊るような感覚になったらしめたもの。かなりコントロールが上手くなった証拠だ。

後ろすぎるポジション
後ろに座るとバイクが軽く動くため、こういったポジションもよく見る。しかしマンホールに乗って滑った場合など、急な動きに対処できない。

>> 関連ページ　ポジション調整…P148　サスペンション調整…P150

安全に乗るための低速コントロール

バイクの練習は低速でもできるし、低速で体得したことは高速にも応用できる。
低速なら危険も少ない。ちょっとした場所を見つけて試してほしい。

バイクがどう動くか体に覚え込ませる

　安全に、気持ちよくバイクに乗りたいなら、低速で練習するのがいい。スピードが乗った状態ではそこそこ上手く走れるのに、低速のコントロールがイマイチというライダーはまれにいる。逆に、低速でしっかりコントロールできるのに高速では下手、というライダーはほとんど見たことがない。バイクの低速コントロールは高速でのコントロールにも関係するのだ。おまけに低速だから、練習するにしても危険が少ない。

　まず、バイクの動きを体に染み込ませる。軽くても100数十kg、重ければ200kgを超える車体が、自分の体の下でどう動いているかを感覚的に覚えるのだ。ポイントはアクセルの開閉で車体がどう動くのかを理解することだ。

　普段できていることも当たり前ではない状態で乗ると、いかにコントロールがむずかしいかがよくわかる。たとえばスタンディング。右のようにステップに立って運転してみよう。するとわずかなアクセルの開閉で車体が敏感に動こうとするのがわかる。デリケートなアクセルの動かし方と、車体への自分の荷重の掛かり方が理解できるはずだ。

　バイクの動きと自分のポジションが正しいか確認するのには、両手を放してみるといい。極低速ではできないから、他の車両が入ってこない広く安全な場所で、50〜60km/h程度で試してみよう。両手を放したときに、背中などに力を入れ直すようだったら、普段のポジションがおかしいことになる。もちろん、両手を放したからといって上手くなるわけではない。あくまで確認するための方法だ。

　フルロックターンはアクセル開度とバイクの動きの関係を覚えるのに、とてもいい。最初は完全なロック（いっぱいにハンドルを切った状

態）でなくてもかまわない。内側に倒れ込む速度とアクセルを合わせると、くるくると回れるようになる。クラッチは使わず（切らずに）、アクセルとリアブレーキでコントロールするのがポイント。これができれば、細い道でのUターンにも自信が持てるようになる。さらに場所があれば、パイロンのような目印を置いて、8の字走行も練習してみよう。

そのほか、トライアルの練習を取り入れるのもいい。バイクのコントロールが格段に上手くなるはずだ。

○ スタンディング

ゆっくり走っている状態でステップに立ち上がる。そのままアクセルを開閉して動きを覚える。急に開けると体が置いていかれるので注意。

○ 両手放し

50〜60km/hで高めのギアに入れて惰性で走行しながら両手を放してみよう。車体の動きだけでなく、自分のポジションの良し悪しもわかる。

○ フルロックターン

極低速でハンドルをいっぱいに切ったまま旋回する。半クラッチはできるだけ使わない。スピード調整はアクセルだけでなく、リヤブレーキも併用する。左回りのほうがリヤブレーキが操作しやすいが、右回りも同じようにできるといい。お尻を半分ぐらい外側にずらすとターンしやすいはずだ。慣れるとバンク角がさらに深くなる。

>> 関連ページ　ポジション…P92

ブレーキは毎日練習を

ブレーキは安全の要。いつでもフルブレーキングできるようにしたい。
急に試すのは危険。一定ブレーキで練習するのがいい。

レバーの握り具合と制動力を体で覚える

いうまでもなくブレーキングはとても大切。コーナリングテクニックより、よほど重要だ。

可能な限りブレーキレバーを強く握り、最短の距離で停止するのがフルブレーキ。しかしいきなりフルブレーキを練習するのは少々危険だ。転倒するおそれもある。おすすめは一定ブレーキの練習だ。目標の位置を定め、ブレーキレバーの握り具合を一定にしたまま、目標位置でピタリと止まれるようにする。途中でレバーを握る強さを変えてはいけない。ブレーキの効き具合が体になじんでいないと意外にむずかしい。

これがある程度できるようになったら、ブレーキ開始から目標までの距離を次第に短くしていこう。すると、フルブレーキも意外と簡単にできるようになる。この練習のいいところは、どこでもできることだ。街を走っていて、赤信号が遠くに見えたら一定ブレーキを試してみよう。まわりの交通に十分気をつけて。

ABSの付いたバイクなら、一度、効き方を試しておこう。安全な場所で、フルブレーキを試してみる。ブレーキレバーがガクガクと振動するのがわかるはずだ。これを体験しておくと、いざというとき安心だ。振動しないようならフルブレーキできていないということ。一定ブレーキと合わせ、練習をくり返そう。

● ABSが効くまでかけてみる

ABSが効くのを初めて体験すると、たいていは驚く。レバーが振動し、場合によっては一瞬ブレーキが抜けたように感じる。ABSの効き方はバイクによって異なるので、安全なところで効き方を経験しておこう。

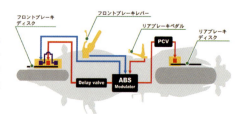

○2本がけ

ブレーキレバーの指のかけ方はいろいろ。臨機応変に変えてもいい。2本がけは微妙なコントロールに向いている。

○3本がけ

中指から小指の3本でレバーを操作し、人差し指と親指でアクセルを操作する。力が入れやすく、アクセル操作もしやすい。おすすめ。

○4本がけ

4本の指すべてレバーにかけるブレーキ。いちばん力を入れやすいが、アクセルが操作しづらいのが難点。

○一定ブレーキを練習する

停止する目標を決め、ブレーキレバーの握り具合を一定にしたまま、つまり、ブレーキの強さを一定にしたまま、その目標位置で止まれるようにする。慣れたら目標を次第に近づけていく。やってみると、意外にむずかしいことに気づくはずだ。ニーグリップをしっかりし、車体がぶれないようにしよう。

トラクションを感じる

コーナーで安定性を高めてくれるのが荷重によるグリップ力、トラクションだ。
アクセルを開けることで、コーナリングの悩みが解決することもある。

リヤブレーキは
コーナーリングの命綱

　トラクションは荷重によるグリップ力（P22参照）。これが実際のラインディングで、とても頼りになる。安定感が増し、コーナーがラクになるのだ。たとえばコーナーに入る際、腰を少し後ろに引いてみよう。後輪の支配力が増し、ターンインがしやすくなる。

　コーナリング中なら、パーシャル（アクセルを開けも閉めもしない状態）からじわっとアクセルを開けてみよう。するとリアのグリップ力が高まり、安定感が上がるのがわかる。これがトラクション。安定性が高まることで、より内側に荷重をかけて、強く旋回することも可能になる。

　大きなコーナーであれば、そのコーナーの中で数回アクセルの微妙な開閉を行なうこともある。リアタイヤのグリップを探りながら出口に向かうのだ。アクセルを開けることで、うまく曲がれないといった悩みが解決することもある。

　もうひとつはリヤブレーキ。これもトラクションを高めるのに有効だ。リアのグリップが不安だったらブレーキペダルを踏んでみる。極端にスピードを落とさなければならないタイトコーナーなら、コーナーの入口から出口まで踏みっぱなしでもいい。安定感が格段に高くなる。

　わかりやすいのは雨で濡れた路面だろう。コーナーに入ったはいいが、滑りそうでアクセルを開けも閉めもできないような場合、リヤブレーキをやさしく踏んでみよう。安心してコーナーを抜けられるはずだ。

　私がよくやるのは、コーナーに入る手前で早めのシフトダウンを行ない、わざとタイヤをスリップさせること。ドリフトではない。直進状態でリアがザッと一瞬滑り、すぐにグリップが回復する程度だ。これでおおよその路面状態がわかる。それに合わせてアクセルを開けていくのだ。

◯ アクセルのオンオフ

アクセルは単に加速・減速のスイッチではない。車体を安定させ、安全に走るための武器でもある。コーナリング中にアクセルを開け、安定する感覚を体で覚えてほしい。写真は説明のため、大きく開閉しているが、実際はとてもデリケートな操作となる。車体の動きや後輪のグリップを感じながら操作してほしい。

◯ リアブレーキ

リヤブレーキは、トラクションを確保し、安定性を高める働きをする。フロントブレーキほどナーバスでないから、べったり踏んでも大丈夫。

◯ コーナー中のブレーキランプ

コーナーでブレーキランプが点灯している。これは制動ではなく、リヤブレーキを踏み、トラクションをかけて車体を安定させているため。

◯ リヤブレーキを引きずる

コーナーの入口では制動をかけ、スピードを落とす。その主役はフロントブレーキだが、リヤブレーキも踏んでいることが多い。コーナーに入ったら少しアクセルを開けて安定させるが、それだけでは怖いようなら(不安定なら)、リヤブレーキを引きずったままコーナーに入ってもいい。出口が見えて、安心してアクセルを大きく開けられるようになったら、リヤブレーキをリリースする。

≫ 関連ページ　トラクション…P22

気持ちよくコーナーを曲がる

コーナリングについては解説本やWebなどに情報がたくさんあるので、ここではさわりだけ紹介する。バイクがリーンする仕組みをイメージしよう。

バイクの主輪は後輪 後輪を感じてリーンする

　バイクが曲がる原理は、テーブルの上でコインをころがすのと同じ。倒れそうになると傾いた方向に曲がっていく。このコインの役目を果たすのが後輪で、前輪は車体を安定させる役目を持つ。つまり後輪が主輪で前輪が従輪だ。だからターンイン（曲がり始め）では、後輪をいかに傾けるかがポイントになる。

　右のイラストのように、バイクは後輪接地点から重心を通るロール軸を中心に動く。この軸を意識して後輪の傾きを変えてやる。大きな三角定規を傾けていくようなイメージだ。実際には前輪が少し遅れて追従してくる。外には振り出さない。

　曲がり始めてしまえば、前輪もしっかり荷重を受け止め、旋回に関わるようになる。アクセルを開けて安定させよう。

　曲がり始めのきっかけは、それほど複雑なことはしない。現在のバイクはよく曲がる。シートの内側への荷重を増やすぐらいでいい。ステップには荷重しないほうがいいだろう。逆に不安定になることもある。

　コーナーの入口からしっかりイン側を睨むことも大切。肩からコーナーに入っていくようなイメージだ。これだけでコーナリング作業の半分は終わる感じだ。

　ハンドルを押さえつけてはいけない。自然なフロントの動きを阻害してしまう。ブレーキ操作をしながらハンドルから力を抜くのがむずかしいなら、早めにブレーキを終わらせ、アクセルを開けながらターンインを行なうのがいい。

　このアクセル操作はとても大切。白バイや教習所の教官のジムカーナを見ていると、荷重移動は最小限に抑え、アクセル操作主体で車体を動かしているのがわかる。アクセルと車体の動きが連動するようになれば、十分に上級者だ。

◯ロール軸を中心にリーンするイメージ

バイクは後輪接地点と重心を通るロール軸を中心に動く。とはいうものの、軸が見えるわけではないのでわかりづらい。イメージするだけでいい。

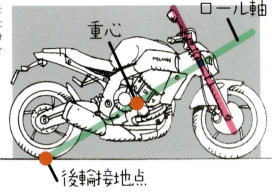

◯ターンイン

本文で解説したほか、事前に少し内側に腰を移動させておき、ブレーキ終了と同時にふっと体の力を抜くという方法もある。軽く曲がり始める。

◯アクセルを開けて立ち上がる

曲がり始めたら、アクセルを開けて出口へ向かう。トラクションをしっかり確保することで車体が安定し、コーナリング速度も上げられる。

◯首がまっすぐなのは危険

まれにこういった姿勢で走っているライダーがいる。荷重がまっすぐ頭（三半規管）にかかるため、バイクの傾きがわからない。とても危険。

◯首は鉛直にして出口を睨む

首を鉛直（地球の重力方向）に保つことでバイクの傾きがわかる。イメージとして肩からコーナーに入っていくようにすると、曲がるのがラク。

≫ 関連ページ　トラクション…P98

運転講習会に参加しよう

講習会があちこちで行なわれている。初心者でも、そうでなくても、
一度参加してみよう。目からウロコが落ちること請け合いだ。

楽しくて勉強になる
仲間もできる

運転の講習というと、免許取得時の教習所を思い出すかもしれない。ここでいうのは免許を持っているライダーのための運転講習会のこと。ライディングスクールや実技教室など、呼び方はいろいろだ。

この運転講習会、チャンスがあればぜひ参加してほしい。多少腕に自信があっても、必ず身につくことがある。同じ講習内容なのに、二度三度と繰り返して参加するライダーも少なくない。講習内容はそれぞれだが、基本的なものが多いようだ。ポジションの確認やブレーキ、スラロームなど。しかしブレーキングひとつとっても勉強になるはず。

どんな講習会があるかは、インターネットで検索すればすぐに出てくる。ショップ主催のもの、ホンダやヤマハなどのメーカーが開催するもの、警視庁や警察署によるものなどいろいろ。警察は安全意識の高いライダーには優しく親切だ。不安がらずに参加してみてほしい。二輪車普及安全協会のもの（グッドライダーミーティング）の開催数が多いようだが、これは提携するショップから申し込みを行なう。いずれにしても、最初はバイクを買ったショップで聞いてみるといいだろう。開催場所は、教習所などを借りて行なうことが多いようだ。

自分やバイクの限界を知るために、サーキットの走行会も有意義だ。こちらは講習会というより、体験走行が中心になる（レーシングスクールもあるが、いきなりだと敷居が高い）。何より、スピードを気にせず走行できるのが楽しい。バイクはこんなによく走るのかと感動する。中にはやたら熱くなって走りまくるライダーもいるが、レースではないので自制心を失わないように。

走行会であれば、皮ツナギなどは不要としている場合が多いので気軽

に参加できる。ただ、規定になくてもフルフェイスのヘルメットは用意すべきだろう。サーキット走行会もショップ主催のものが多いようだ。ショップで相談してみよう。

そのほか、モトクロスやトライアルなどの講習会もある。普段乗っているものと違う種類のバイクに乗るととても勉強になる。

また、親子でバイクを楽しむ会もある。これは親よりも子どもにバイクを教えるのが中心だが、それでも楽しいことには変わりない。子どもが喜んでくれるし、転倒して泣き出しても、ケガさえしなければそれも楽しいものだ。

○ライディングスクール

運転講習会はあちこちで行なわれている。自動車教習所を借りて開催されることが多いようだ。費用もそれほどかからない。ぜひ一度参加を。[写真提供:フリーダムナナ。4点とも]

○サーキット走行会

サーキットは楽しい。走行会程度なら、ライセンスは不要だが、事前に講習(座学)でサーキットの基本を学んでから走ることが多い。

○モトクロス大会

本格的なモトクロスではなく、運動会のような感覚。泥だらけになって1日楽しむのも悪くない。

》関連ページ　ショップへ行こう…P38

初心者に見られたくない!

バイクに身をゆだね、慣れてもバイクをなめない

肩の力を抜いて気持ちをラクにして乗ろう

バイクに乗り始めると、まわりの視線が気になるもの。初心者に思われていないかと、妙に緊張したりする。まわりの視線を気にするほど余裕がないこともあるが……。

外から見て「あの人は初心者だな」とすぐにわかるのは、力の入り具合。走っているときだけでなく、信号で停まっても肩から力が抜けない。バイクが勝手に動いてしまうように感じて怖いのかもしれない。どこかバイクと格闘しているような緊張感がある。慣れてないといえばそれまでだが、力を抜いて、ある意味バイクまかせに走らせれるようになれば、見た目の印象はずいぶん変わる。とりあえず、信号で停まったら両手を放してみるのがいい。力は抜けるし、バイクに慣れているように見える。

技術的な面で初心者とすぐわかるのは交差点からの発進。クラッチレバーを握ってギヤを入れ、スタートするというプロセスに時間がかかるのだろう。横の信号が黄色になった

○ 肩にやたら力が入っている

走っているときだけでなく、信号待ちなどでも肩や腕にやたら力の入っている人がいる。力を抜いてみよう。

○ 信号待ちでは手を放す

停まっているときにハンドルから手を放すと、なんとなくバイクに慣れている感じがする。落ちついて見えるから不思議。

あたりからすでにギヤを入れ、前方の信号が青になるのをずっと待っている。焦っているようにも見える。

自分のバイクを手に入れたら、発進は繰り返し練習しておこう。前方の信号が青になってからクラッチレバーを握り、スムーズに発進できればOK。ベテランでも、初めて乗るバイクのクラッチミートには緊張するものだ。

バイクをなめた格好は実はカッコよくない

初心者に見えることより恥ずかしいのは、下手に見えることだ。中途半端にバイクに慣れ、なめた格好のライダーがその代表。初心者はこれから上手くなっていくだろうが、なめたライダーはそこから上達しない。未来が見えないのだ。

○ グローブをしていない
グローブをしていないライダーは、運転に対する認識が甘いという証明。近寄らないほうがいい。軍手でもいいからグローブはすべきだ。

○ スリッパで乗っている
さすがにスポーツバイクでは見たことがないが、スクーターだとたまにいる。停まるときに何かに引っかかったら、簡単にケガをする。

○ 足を出しっぱなし
ステップから足を外しているバイクもたまに見かける。バイクは足で操作する割合が多く、お尻だけで乗ると不安定になる。

○ タイヤの空気が少ない
タイヤの空気が明らかに少ないバイクもいる。普通は乗れば異常だとわかるはず。バイクに対する感覚が鈍いに違いない、とまわりは見ている。

わかりやすいところでは、グローブをしていない、ヘルメットのシールドがないといった状態だ。そういったライダーは自分の安全さえ守れない。つまり他者への配慮はさらに期待できないので、近づかないのがいちばんだ。

信号が青になってスタートしてからも、ずっと片足を出したままのライダーがいるが、これも危険だ。ステップに足を乗せないで、急な回避操作ができるか試してみるといい。

タイヤの空気圧が明らかに減っているバイクもいる。乗車前点検さえできていないのに、運転が上手いはずがない。バイクが汚れていたり、あちこちが錆びているバイクも同じ。泥汚れでなく、長期間洗車していないホコリや油が固まった汚れはいただけない。極端な汚れや錆びは、バイクの運動性もダメにする。

転倒してもバイクを守ってくれるエンジンガードやフレームガード。悪くはないのだが、これも初心者に見える。バイクを傷つけたくない気持ちはわかるが、バイクに慣れたら外したほうがいいだろう。

○ スライダー
写真はスライダーというフレームガードの一種。サーキットでの転倒時に、わざと滑ることでダメージを減らす働きをする。しかし公道では、かえってまわりに被害を及ぼすことがあるし、フレームがダメージを受ける場合もある。やめたほうがいい。

○ すごくダメな感じ
シールドを開け、ウェアの前を開けて、ヒザを開いて、カッコ悪いライダーの乗り方を実践してみた。やってみると意外に怖い。カッコいい乗り方とは、つまり安全な乗り方なのだ。

CHAPTER

4

バイクで
ツーリングに行こう!

やはりバイクの醍醐味はツーリングにある。
奥さんがいるならタンデムツーリングも悪くない。
章の最後にはぜひ行きたい道路をまとめてみた。

Fun Touring 01

やっぱりツーリングは楽しい!

知らない道を走るのは新鮮だ。光も風も新しい。初めての風景には心が踊る。
1〜2日で楽しむなら一点豪華主義ツーリングがいい。思い出深い旅になる。

ゆっくりする時間があるから走ることが楽しい

　私は大学を中退してからの2〜3年間、ツーリングが生活だった。下宿も引き払い、ボストンバッグひとつで風の吹くまま日本中を走った。愛車はCB750FOUR。お金がなくなるとどこかで住み込みのバイトを探し、給料をもらうとまた走り出した。つらいこともあったはずだが、楽しいことしか覚えていない。まるで夢の中を走っているような、キラキラした時間だった。

　閑話休題。目的も期間も決めずに走り出すのがツーリングの理想だと思っているが、一般的な社会人には不可能だ。平日には仕事がある。行くとしたら週末の1〜2日ぐらい。勢い、目的地へ行って帰ってくるというツーリングになる。

　そんな短期のツーリングを満喫するなら一点豪華主義がいい。風景や食べ物、温泉など、特定の目的を決め、それ以外はスルーするのだ。1〜2カ所立ち寄るぐらいはかまわないが、あちこちの観光地を巡っていると印象が薄くなる。

　イチオシはやはり食べ物だ。たとえば、どこかの港で活気のある朝市が立つという情報を得たら、前日の遅めに出発して宿に入る。当日の暗いうちに家を出てもいい。そして早朝から朝市でおいしそうな食べ物を漁るのだ。その地方でしか見かけない珍しいものがあれば、旨い・不味いにかかわらず手を出してみる。これぞ旅ならではだ。

　そして昼近くまでゆっくりする。この「ゆっくりする」というのは、ツーリングにとって、とても大切なこと。走るのはとても楽しいが、くつろぐ時間があるから走るのが楽しいのであって、走りっぱなしはやはりつらい。

　朝市を満喫したら、あとは家に帰るだけ。もちろん、家で待つ奥さんや子どもへのお土産も忘れずに。

○ 光と風をいっぱいに受けて走る

一点豪華主義で決めた目的以外は、ただ走る。バイクはクルマのように外界から隔てられた移動装置にはならず、刻々と移ろうその場の空気を感じる。だから走るだけでも楽しい。[写真提供:八重洲出版]

○ いい風景に出会ったら気軽に停める

停車しやすいのもバイクのメリット。いい風景に出会ったら、バイクを停めて一休み。ムキになって写真を撮る必要はない。ただその風景を眺めるだけ。コンビニのパーキングでは得られない幸せがある。

》 関連ページ　定番ルート…P130

気の合った仲間と走る

仲間と行くツーリングは楽しい。ただ、数台程度に留めておくのがいい。
そのほうが、旅先の人とも交流しやすく、安全でもある。

初めての人との会話を楽しむ 白い目で見られないように

気のあった仲間とのツーリングは楽しいもの。いっしょにいい風景に出会ったり、おいしいものを食べたりすれば、楽しさも倍増する。

ただ、あまり大人数でのツーリングはすすめない。10数台にもなると駐車場所の確保も大変だし、遅れたバイクが追いつこうと必死になるのも危険だ。多少離れても、最後尾から見わたせる範囲に収まる程度、4〜5台までがいいだろう。

ショップ主催のツーリングでは、数十台もの台数が集まることがある。この場合は各グループにリーダーを設けたり、事前に停車場所を決めるなど、組織だった予定を立てるのが普通。だからスムーズに行くのだ。また、ツーリングに出かけたら、現地の人と話をするのも楽しみのひとつ。あまりに大人数では、現地の人が引いてしまう。

いっしょに行くバイクの違いについてはどうか？ 1000ccと250ccでも、ロードバイクであればまず問題ない。ただオフロード車は高速道路ではペースがあまりに違うのでつらいかもしれない。その場合は、事前にどこで停まるかを決めておく。携帯電話が使えない場合も想定しておこう。初心者と上級者がいっしょに走る場合は、絶対に飛ばさないこと。上級者が前を走り、バックミラーで初心者を確認しながらペースを作っていく。かなり難易度が高いが、安全のため、上級者が果たさなければならない役割だ。

○○スカイラインといった自動車専用道路を走る場合、多少元気に走ることがあってもいい。しかし、地元の人が使っているような生活道路は絶対に飛ばしてはいけない。田舎の整備された農道はとても走りやすいが、排気音を響かせ、ハングオフで抜けていくライダーは、地元の人にとって心底迷惑な存在なのだ。

◯ ひと目で見わたせる人数がいい

グループでのツーリングは、誰かがいい場所を見つけて停まったら、全員がスムーズに無理なく停められるぐらいの台数がいい。走行中の隊形はなるべく保ち、むやみに追い越しながら走るのは避けたい。
［写真提供：八重洲出版］

◯ 人数が多いときはリーダーを決める

何十台もまとまって走るのは危険。グループ分けしてリーダーを決める、停まる場所を決めておくなど、しっかり準備しよう。上手いライダーは先に行かせて現地集合でもいい。［写真提供：フリーダムナナ］

≫ 関連ページ　バイクのジャンル…P48

ツーリングの基本装備

日帰りツーリングなら、お金と雨具があれば、あとは適当でかまわない。
ただ、いざという場合の準備はしておこう。安心してツーリングが楽しめる。

お金とカッパがあればOKだがやはり地図もほしい

ツーリングの装備は、キャンプをするかしないかで大きく変わる。キャンプとなるとテントや寝袋が必要になるし、キャンプでコンビニ弁当というのも寂しいので、調理器具もほしい。すると大きなバッグをいくつも積むことになる。そうして、たまに見かける長期ツーリングライダーの姿ができ上がる。

しかし、日帰りツーリングであれば、いきなり装備は軽くなる。宿泊するにしても、旅館などを使うなら、調理器具は必要ない。増える装備は替えの下着ぐらいだ。ここでは日帰りや、旅館を使った一泊ツーリング装備を考えてみた。

まず必要なのは雨具（カッパ）だ。最近のライディングウェアは防水機能を備えているが、やはり専用の雨具にはかなわない。出先で寒くなったときに、防寒着として使えるメリットもある。

そしてお金。クレジットカードは

● 雨具

絶対に雨が降らないという予報ならなくてもいいが、持って行ったほうが安心。ウェアの防水性能も高くなっているが、やはり専用品がいい。

● 工具

調整やちょっとしたトラブルなら自分で直したい。写真はNC750Xの車載工具だが、これに加えてプライヤーがあると便利。

○ タオル・ウエス

手足だけでなく、バイクなどの汚れを拭く場合もあるので、適度に古くて、汚しても惜しくないものがいい。

○ カメラ

スマートフォンのカメラ機能でもいいが、せっかくツーリングに行くならカメラもほしい。望遠系のレンズがあると本当に便利。

○ 携帯電話・スマートフォン

いざというときの連絡用。バッテリーの残量に注意。モバイルバッテリーがあるといい。ただ、電波が届かず、使えない場所もある。

○ お金

何はなくともお金は必須。最低でも、目的地から電車・バスを乗り継いで自宅に戻れるだけのお金を持参するようにしたい。

○ クレジットカード

あまり現金を持ち歩きたくないならクレジットカード。ガソリンはこれで入れられる。ただ、現金しか使えないお店もけっこう多い。

○ レッカーサービスの会員証

バイクの故障などで動けなくなったときに必要。写真はJAFカードだが、保険のレッカーを使うなら、その連絡先などをメモしておく。

田舎に行くと使えない店も少なくない。ただ、現金をたくさん携行するのも怖いので、うまくカードと使い分けたい。

　地図はスマートフォンを使う人が増えてきた（P120参照）。しかしスマホは画面が小さく一覧性に欠けるので、ルートの計画が立てづらい。やはり地図がほしい。バイクツーリングの地図といえば「ツーリングマップル」一択。地図としての機能はもちろん、景色のいいポイント、道路状況、穴場スポットなど、生きた情報が盛り込まれていて、見ているだけでツーリングに行きたくなる地図だ。7分冊になっているので、目的地に合わせて購入しよう。

　カメラもスマホでは少々寂しい。望遠撮影が可能なコンパクトカメラ、もしくはミラーレス一眼＋望遠レンズがおすすめだ。

いざというときの対処
レッカーはJAFか保険会社

　ここからはいざというときの準備。安全運転を心がけていても事故に遭う可能性はあるし、バイクの故障も考えられる。何かあっても帰れるようにしておこう。

　ちょっとした故障、たとえば立ちゴケでミラーやレバーが折れたぐらいなら、なんとか自分で直したい。そこで便利なのが針金とガムテープだ。ミラーやレバーは針金で強く巻いて固定すれば、機能は果たすかもしれない。カウルが割れた程度なら、ガムテープで応急処置できる。自走で帰れるか帰れないかは大きな分岐点なのだ。

　ちなみに、針金、ガムテープ、ゴミ袋の3つは「ツーリングの三種の神器」と呼ばれるほど便利なものだ。工具は車載工具が基本だが、最近はプライヤーが入っていないことが多い。プライヤーを加えるか、右のようなマルチツールを利用しよう。

　故障や事故でバイクが動かなくなったらレッカーを呼ぶ。JAFが有名だが、最近は保険会社でもバイクのロードサービス（レッカーサービス）が増えてきた。自分の保険を確認してほしい。また、骨折などで応急処置が必要な場合は、現地で病院に行く可能性もある。保険証も持っていくべきだろう。

　ミラーが折れただけでレッカーを呼ぶ事例もあるというが、頻繁に出動するようになれば、JAFの会費や保険料金が値上がりするかもしれない。なにより、安易に呼ぶことは恥ずかしいと思う。自分で走り続ける方法を探ってほしい。

○ マルチツール

アウトドアツールとしておなじみ。なくても困らないが、あると便利。バイク用ならプライヤー機能が付いたものがいい。

○ ガムテープ

バッグやウェアが破れたりした場合の応急処置に。ロールがかさばるなら、数メートル程度、何かに巻き取って持っていけばいい。

○ 針金

レバーやミラー、ウインカーなどが損傷しても、場合によっては針金で補修できる。これも適当な長さがあればいい。

○ ゴミ袋

荷物が増えた場合のバッグ代わりや、貼り合わせて合羽にと、使い途はいろいろ。スーパーのレジ袋もあると便利。

○ 地図

ツーリングマップルは最強のツーリング用地図。各地から集められた最新情報を盛り込み、毎年新版が発売されている（写真は2016年版）。コンパクトでコストパフォーマンスの高いA5判のほか、リング製本でひとまわり大きな「ツーリングマップルR」がラインアップ。どちらにもエリア全体が見渡せる大判の「プランニングマップ」が付属する。北海道、東北、関東・甲信越、中部・北陸、関西、中国・四国、九州・沖縄の7分冊となっている。

» ツーリングマップル（昭文社）　http://www.mapple.co.jp/

Fun Touring 04

ツーリングバッグはよりどりみどり

ツーリングバッグは多彩。脱着の簡単なシートバッグがいいが、
タンクバッグやパニアケースなど、好みに応じて選べるのがうれしい。

とりあえずシートバッグ 憧れのパニアケース

前ページでツーリングの装備が見えてきたら、それを入れるバッグが必要だ。もちろん普通のバッグをゴムひもで括り付けても問題ないが、スマートに見えないのが難点。

昔、ツーリングといえばまずタンクバッグだった。地図がいつでも見られるのが最大のメリット。しかし最近は、スマートフォンをハンドルに取り付け、カーナビ機能を地図代りにすることが多く、タンクバッグの必要性が下がっている。加えて最近のバイクはタンクの下にベルトを通すスペースがなく、タンクカバーが樹脂製のためマグネットも使えないモデルが増えてきた。そんなわけでツーリングバッグの主流はシートバッグへ移りつつある。

リアシートに固定するのがシートバッグだが、これも台座をシートに固定するなど、簡単に脱着できるものが中心だ。サイズはいろいろ。キャンプ用の巨大なバッグもある。

ツーリングに必要なバッグの容量は、あくまで目安だが、日帰りツーリングで7〜12L（リットル）程度。泊まりがけなら、着替えや洗面道具を考えて20L程度あると安心だろう。お土産をたくさん買うのなら、予備として折り畳みバッグやゴムひもを持って行くのがいい。長期間のキャンプツーリングとなると、荷物は60〜100Lにもなるはずだ。

昔、北海道で出会ったある若いライダーは、キャンプもしないのに、とんでもなく大量の荷物を積んでいた。その中には、なんと予備のヘルメットまで入っていた。本人は「現地で出会った女の子とタンデムするためだ！」と言い張っていたが、皆に笑われたためか、いつの間にか予備ヘルメットを宅配便で実家に送り返していた。

何度もツーリングを経験すると、荷物は次第に少なくなるものだ。

● タンクバッグ
常に地図が見られるのが特徴。ただしタンクに装着することが構造上むずかしくなりつつある。写真は吸盤で固定するタイプ。容量は7L。

● シートバッグ
台座用のベルトをシートに固定し、バッグ部は簡単に脱着できるものがいい。写真のバッグは8～10L（可変）だが、70Lを超えるものもある。

● 振り分けバッグ
シートの左右に振り分けるスタイルのバッグ。サイドバッグともいう。写真はポリカーボネートを使用したセミハード型。片側で20Lの容量がある。

● リアボックス
リアキャリアに固定するボックス。使い勝手がよく、防水性も高い。容量は約28～50L超とさまざま。大きなものならヘルメットが2個入る。

● 純正パニアケース
バイクの左右に装着する硬質のケース。メーカー純正品はボディにフィットし、高い安定性が特徴。脱着もワンタッチだ。メインキーとケースのキーが共通になるのもメリット（そうでないものもある）。難点は価格がとても高いこと。専用ステーを含めると10万円を超えるものも多い。写真は片側17～25Lの可変タイプ。

>> 関連ページ　ツーリングの装備…P112　スマートフォン…P120

Fun Touring 05

ETCはバイクでも標準に

**高速道路をよく使うなら、ETCがあったほうが便利。料金が割安になることもある。
ただETCは必須ではない。キャンペーンを利用して賢く取り付けよう。**

安価なアンテナ分離型が登場 主流は一気に分離型に

　いまや説明の必要もないETC。有料道路の自動料金収受システムだ。バイクの場合、ETC機器が高価だったこともあり、クルマ（四輪）より普及が遅れていたが、いまやバイクの装備のひとつとして最初から装着されているモデルもあるほど。高速道路を頻繁に使うなら、あって当然の装備になっている。

　クルマしか知らない人は、バイクのETCの価格を聞いて、一様に驚く。クルマ用の安価なETCなら6,000〜7,000円で購入できるのに、バイクはその2倍以上する。これは、バイクは振動が多く、雨に濡れる可能性もあるため、その対策が必要だからだ。加えて生産数が少ないのも関係している。

　バイク用ETCは、一体型とアンテナ分離型に大きく分かれる。以前は一体型が安く（2万円前後）、分離型はそれより1万円近く高かった。しかし2万円以下で購入できる分離型が登場し、バイクでも主流は分離型に移りつつある。もちろん、オフロード車など、ETC本体を収納するスペースがないのなら、一体型を選ぶしかない。

　ETCを使うには、ETC本体のほか、取り付け作業、セットアップ（車両情報を暗号化して書き込む作業）などの費用がかかる。取り付けは自分でできたとしても、セットアップは素人では手の出しようがない。まとめてショップにやってもらうのがいいだろう。ETCカードも事前に用意しておこう。

　二輪のETCは高いので、できるだけ助成金キャンペーンなどを利用するのがいい。たとえば本書の編集中にも、NEXCOによる二輪用ETCのキャンペーンが行なわれている。欲しいときとタイミングが合うかわからないが、こういったチャンスを利用し、賢くETCを活用しよう。

○ 一体型ETC

オフロード車など、ETC本体を収める場所がないバイクは一体型を外部に取り付ける。バイクから離れるときは、必ずカードを抜くようにしよう。

○ アンテナ分離型ETC

シート下などに本体を装着する。以前は一体型より高かったが、このところ2万円以下の安いモデルが登場し、これが人気を得ている。

○ 本体の取り付け

通常は、シート下などの触れにくい場所に固定する。これはNC750Xのトランク（通常タンクのある位置）の底に取り付けられたETC。

○ 純正ETCはメーターに表示

メーカー純正ETCは、バイクに無理なく組み込まれている。写真はNC750XのETC装着車。メーターの右下に「ETC」の表示が見える。

○ ETCカード

ETCを使うには、ETCカードが必要。普段使っているクレジットカードの追加カードとして作る。いまや無料が当たり前。年会費などがかかるなら、クレジットカードごと新しくしてもいいだろう。

○ キャンペーンで安く購入

2016年5月現在、NEXCO3社による二輪車ETC車載器購入助成キャンペーンが行なわれている。先着5万台限定なので、本書の購読時に継続中かは不明だ。すぐにチェックしよう。

>> NEXCO 二輪車ETC　http://www.nexco-nirin-etc2016.jp/

カーナビはスマートフォンで代用

ツーリングには、スマートフォンの地図機能、カーナビ機能がちょうどいい。
取り付けパーツもたくさん発売されているが、停まったときに見られればOK。

本体の固定よりも電源の確保が大切

　小型の専用カーナビもあるが、最近の主流はスマートフォンをカーナビ代わりに使うこと。バイクにはコンパクトなスマホがちょうどいい。

　カーナビ（機能）が紙の地図より優れている点は、自分の現在位置がわかること。ツーリング先で道に迷うと地図を開くが、いちばん困るのは自分がいまどこにいるかわからないとき。カーナビならすぐにわかる。

　スマホをバイクに取り付けるには、右ページのようなホルダーを使用する。クランプ型、ポーチ型、一長一短あるが、安心という面ではポーチ型がおすすめ。ホルダーのサイズはいろいろあるから、自分のスマホに合わせて選べばいい。価格は2,000〜5,000円程度だ。

　それより重要なのは電源の確保だ。スマホをカーナビ代わりに使うと、あっという間に電池が切れる。バイクのバッテリーなどからUSBコネクターやシガーソケットとして電源を取り出すキットが販売されているので、これを利用しよう。取り付けは自分でもできるし、ショップに依頼してもいい。ただ、エンジンを止めた状態で充電すると、バッテリーに負担がかかる。充電は走行中だけにしたい。

　カーナビアプリは「Googleマップ」か「Yahoo!カーナビ」でいいだろう。どちらも無料だ。これで不満なら有料のアプリもある。

　ただ、スマホをハンドルに取り付け、常にカーナビを見ていると、そのぶん危険性が高くなることも覚えておこう。歩きスマホや、自転車に乗りながら見るのと同じ。バイクは歩行者や自転車よりも速いから、ほんの一瞬スマホの画面を見て顔を上げたら、目の前にクルマが迫っていた、ということも珍しくはない。バイクを停めてからスマホを取り出しても十分役に立つ。

○ クランプ型ホルダー

スマートフォンを両側から挟み込むようにして固定するクランプ型ホルダー。脱着が簡単で、マウントした状態でも普通に操作できる。

○ ポーチ型フォルダー

ポーチの中にスマートフォンを入れるタイプ。脱落の心配がなく、急な雨にも安心。ただ、タッチパネルが操作しづらい。

○ 取り付け場所がないなら

ハンドルまわりにスペースがないのなら、こういったバーを追加してスマートフォンを取り付ける。ほかのアクセサリーもOK。

○ 電源を確保する

スマートフォンを使うなら、なにはなくとも電源確保。これはUSBコネクター。自分で作業する自信がないのなら、ショップにお願いしよう。

○ グローブしたまま操作

スマートフォンに対応したグローブ。指先に電導皮革などを使用し、グローブをはめたまま操作できる。

○ バイク用品専門店 ナップス

今回、ツーリング用品の取材でお世話になったナップス。全国に16店舗を展開。ETCやパーツの販売・取り付けだけでなく、整備や車検も行なっている。

>> 関連ページ　地図…P114　ナップス　https://www.naps-jp.com/

Fun Touring 07

ツーリングを楽しくするアイテム

インカムは走りながら会話できる、便利なアイテム。扱いも簡単だ。
ツーリングが終わってからが楽しいのがドライブレコーダーだ。

会話する、記録する
ツーリングの楽しみはいろいろ

　ヘルメットをかぶって乗るのがバイク。だから走っている間は話ができない。タンデムなら前後で話せなくもないが、風のために大声で怒鳴りあうことになる。あまりスマートとはいえないだろう。これを解決するのがバイク用のインカムだ。ヘルメットに装備しておき、無線で通話する。最近はBluetoothが使われていて到達距離が1km以上とうたう製品もある（障害物の無い直線見通し）。グループツーリングのメンバーでインカムを装備しておけば会話はもちろん、道を間違えた仲間を呼び戻すのにも使える。

　ドライブレコーダーは事故に遭ったときなどのために、走行シーンを録画しておくもの。これはツーリングの記録としても使える。自分が走っているシーンがそのまま残るのだから、ツーリングブログを充実させるのにもいい。GPSを搭載した高性能なものなら、地図データと連動させることもできる。

　ドライブレコーダーにもいろいろなタイプある。シンプルな一体型はハンドルなどに固定するのが普通。メーターが少し見えているぐらいのアングルがおすすめ。ツーリングらしい映像になる。

　ヘルメットなどに取り付けて、視線（頭の動き）に合わせた映像が撮りたいなら、流行のウェアブルカメラがいい。非常に小型で、首の動きをじゃますることも少ないはず。ただ、付けているの忘れて何かにぶつけたりしないように。

　1章で冬のウェアやグローブについて少し触れたが、冬の装備としてありがたいのはグリップヒーター。これがものすごく効く。私も以前は「そんなの要らないよ」と、少々バカにしていたが、一度試したら手放せなくなった。指先のかじかみと無縁でいられる。

● インカム

パッセンジャーや、他のライダーと走りながら会話ができるインカム。現在ではBluetoothを使ったものが主流。ペアリングすればすぐに使える。写真はB+COM（ビーコム）のSB5X。ペアで税別65,000円、シングルで34,200円と高めだが、性能は折り紙つき。国産メーカーというのも安心。安価なものもある。

● ドライブレコーダー

走行シーンをそのまま撮影するドライブレコーダー。左はユピテルのBDR-S1。コンパクトな一体型で、ハンドルなどに固定する。防塵防滴で、雨の日も安心。右はWINSのMOTO-REC Dual。本体と小型のカメラ部が分かれているので、カメラはナンバー脇などのスペースのない場所にも取り付けられる。

● ウェラブルカメラ

アクションカメラともいう。写真はGoProの「HERO4 Session」。重さはわずか74グラム。最長で2時間の動画撮影が可能。

● 冬に温かいグリップヒーター

防寒にはいろいろな方法があるが、グリップヒーターはとても有効。冷たくなりやすい指先を温めてくれる。グリップの太さに注意して選ぼう。

>> 関連ページ　ウェア…P68　グローブ…P70　ツーリングの装備…P112

カミさんと行けば2倍楽しい!

仲間と行くツーリングも楽しいが、カミさんと行くツーリングも悪くない。
自動二輪車は乗車定員が2人なのだから、せっかくならタンデムで旅してみよう。

ツーリングの楽しさを教えれば財布のヒモも弛む

夫婦で行くタンデムツーリングも楽しいものだ。きれいな風景に出会えば2倍きれいに見えるし、地元の食べ物は2倍おいしくなる、というのはちょっといい過ぎか。

「カミさんなんて、とんでもない」と思うかもしれない。しかし奥さんにツーリングの楽しみを教えれば、財布のヒモが弛む可能性が高いのだ。うまくいけば、思う存分バイクライフを楽しむことができる……かもしれない。

タンデムに向かないバイクもある。スーパースポーツやオフロード車がその代表。一人乗りでは快適だが、タンデムは緊急時程度にしか考えられていない。奥さんを乗せて出かけ

○ 楽しいタンデムツーリング

タンデムツーリングは、バイクで走る楽しみを倍増する。高速道路を使えば遠出も簡単だ。
[写真提供:八重洲出版]

○ 空気圧を2人乗りに合わせる

2人乗りではリアの荷重が極端に高くなる。それに合わせてタイヤの空気圧を高くする。ただし、もともと高めの指定では、2人乗りでも空気圧の指定が変わらない場合もある。

タイヤ空気圧（冷間時）：
1名乗車：
 前輪：
  125 kPa (1.25 kgf/cm²)
 後輪：
  150 kPa (1.50 kgf/cm²)
2名乗車：
 前輪：
  150 kPa (1.50 kgf/cm²)
 後輪：
  175 kPa (1.75 kgf/cm²)
高速走行（1名乗車）：
 前輪：
  150 kPa (1.50 kgf/cm²)
 後輪：
  175 kPa (1.75 kgf/cm²)
高速走行（2名乗車）：
 前輪：
  150 kPa (1.50 kgf/cm²)
 後輪：
  175 kPa (1.75 kgf/cm²)

○ プリロードを上げる

空気圧だけでなく、できればリアサスペンションののプリロード（P150参照）も上げたいところ。写真はBMW F800Sのプリロード調整ネジ。

✕ ○ ステップだけに体重をかけない

パッセンジャーの乗り方は事前にコーチしておこう。通常左側から乗るが、ステップにそのまま体重を掛けると、前で支えていても、左に傾いていしまう場合がある。へたすると立ちゴケだ。

○ バイクの中央を意識して乗る

パッセンジャーは、シートに覆い被さるようにして、バイクの中央に体重を乗せるようにする。そうすれば必要以上にバイクが傾かず、スムーズに乗ることができる。

≫ 関連ページ　タイヤ空気圧…P142　プリロード…P150

れば、逆にツーリングが嫌いになるに違いない。右の写真で使用したNC750Xを始めとしたアドベンチャー系や、普通のスポーツモデルなら快適だ。クルーザー系ならリアシートが十分に大きなものがいい。狭いシートは気を遣う。2章で大きすぎるバイクは日本の道に合わないとしたが、タンデムばかりは大きなバイクが有利。後ろに人を乗せていることを忘れることさえある。

乗り方やポジションは写真を参照してほしい。走っている間に後ろで動かれるとバイクは不安定になる。走り出す前に「パッセンジャー（後ろに乗る人）は荷物だ」と教えておこう。

「急」のつく操作はしない タイトターンに注意

パッセンジャーを乗せたときは、当たり前だが、急加速・急ブレーキは厳禁だ。振り落としてしまう可能性もあるし、後ろの人も楽しくない。もちろん緊急時の急ブレーキは仕方がないが、その時は背中に寄りかかってかまわないと、事前に伝えておこう。妙に踏んばられると、逆に不安定になる場合がある。

コーナーは重心が高くなるので、最初は違和感があるはずだ。慎重に走ろう。ただ、これはすぐに慣れる。重心が後ろに移動することで、かえってターンインがやりやすくなる場合もある。2人乗りでステップを擦るのもむずかしくはないが、やめておくのが無難だ。パッセンジャーには、ライダー（運転者）が左右に荷重移動しても、姿勢を変えないように伝えておくこと。これをやられると運転しづらくなる。パッセンジャーは荷物なのだ。タイトターンは特に気をつけて。重心が高くなっているため、すぐにバタンと倒れてしまう。

休憩はマメに取ろう。特に初めてのタンデムツーリングなら、家から走り出して10分か15分で最初の休憩にしたい。遅くとも、高速道路に乗る前には休憩すべきだ。場所はコンビニでかまわない。大丈夫のつもりでも、慣れないタンデムでは体が緊張しているもの。最初の休憩で体がぐっとほぐれるのがわかる。

パッセンジャーがいちばん驚くのはすり抜けだ。自分は大丈夫だとわかっていても、2人乗りのときはすべきではない。また、慣れていない人にとって、雨の走行はかなりつらいものだ。雨がやみそうになかったら、奥さんは電車で帰すぐらいの気遣いをしてほしい。

○ 基本的なタンデムのポジション

運転するライダーが特に動きをじゃまされず、パッセンジャーもリラックスしていられるのがベスト。ポジションはバイクによって変わる。

○ ベルトのあたりをつかむ

パッセンジャーは前のライダーのベルトのあたりをつかむのがいい。ジャケットでもいいが、手が滑らず、つかみやすいところを探してほしい。

○ くっつきすぎない

抱きつくようにつかまると、前のライダーは運転しづらくなる。できるだけくっつかない。愛妻でもバイクの上では距離は保ってもらおう。

○ ふんぞり返らない

シート後部にグリップがあっても、パッセンジャーはそれを使わない。けっこう不安定で、急にバイクが動くと振り落とされることがある。

○ 肩をつかまない

これもダメ。やってみるとわかるが、前のライダーはとても運転しづらい。肩はハンドル操作にとても大切な働きをしているのだ。

○ タンデムベルト

タンデム用のベルト。パッセンジャーがしっかりつかめるグリップが付いている。2,000〜3,000円で買えるので、用意しておくと便利。

>> 関連ページ　ツーリングバイク…P54

無事に帰ってくるために

ツーリングで出向いた先は、市街地や住宅街よりも交通量が少ないはず。
だから気持ちよく走れるのだが、普段にない危険が潜んでいる。

危険を察知する洞察力と変化に対応する技量

初めて走る道は不安なものだ。たとえばコーナーの曲がり具合。奥で急に曲がっているか、細くなっているかわからない。慣れてくると、ガードレールの見え方や、まわりの木々の様子でカーブの曲率や深さはなんとなくわかる。先を行くクルマのスピードや消え方でも読み取ることもできる。ただ、路面状態まではなかなか読めない。枯れ葉が落ちているかもしれないし、大きなギャップがあるかもしれない。実際に北海道で私が体験したのは、大きなコーナーの出口でいきなり舗装が終わり、ダートになっていたこと。砂利にタイヤを取られてドリフトしながらも、なんとかコケずに済んだ。別の日には、コーナーのむこうにキタキツネがいてパニックになった。

ゆっくり走ればそれだけ対処する余裕ができるが、危険はそれだけではない。センターラインをはみ出す対向車は、ゆっくり走っていても危ないもの。カーブミラーに対向車が見えたら、センターラインには寄らない、といった自衛手段は必要だ。

長時間の走行で体調を崩すこともある。秋口のツーリングは意外に寒い。無事帰ったはいいが、風邪で寝こんだら、社会人として情けない。街の中を走るより、1～2枚余分に着込んで出かけたい。雨が予測できるなら、降り出す前に雨具を着るのがベテランだ。たまに、高速道路の橋の下の路肩で雨具を着るライダーを見かけるが、あれは危ないし恥ずかしい。第一、道交法違反だ。手前か次のパーキングで着るべきだ。スマホがある時代、天候の変化くらい読むようにしたい。

ツーリングは二度出かけるという言葉もある。最初は目的地に向かって出発し、帰りは待つ人の元へ出発するという意味だ。無事、帰り着いてこそツーリングなのである。

● 危険を見極める

峠道にはたくさんの危険が潜んでいる。落ち葉が落ちているかもしれないし、砂が浮いていることもある。ワインディングロードでは対向車がセンターラインをはみ出して来るかもしれない。あらゆる危険を予測しながら走ろう。

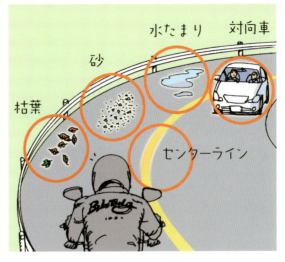

● トンネルの出口

怖いと感じないが、実は怖い状況というのもある。トンネルの出口などがそれ。強い風が吹いているかもしれないし、天候が変わっているかもしれない。「かもしれない」という運転意識が必要だ。

● ガソリン残量を気にする

JAFの出動理由でもっとも多いのがガソリン切れだ（二輪・高速道路）。燃料計がないなら、トリップメーターを目安にする。満タンでどのぐらい走れるかぐらい、自分のバイクなら覚えておこう。

● なにかあったらショップに連絡

ツーリング先で何かトラブルに遭い、解決方法がわからなかったらショップに連絡してみよう。アドバイスがもらえるし、それほど遠くないならレッカーで助けに来てくれることもある。写真は有名なチェーン展開のバイクショップ「レッドバロン」。全国ロードサービスを行なっている。

≫ 関連ページ　危険な場所…P88

一度は行きたいワインディングロード

日本にはとてもきれいな道がある。バイクで走ればもっと楽しいはずだ。
バイクツーリングに向いた、気持ちよく走れるおすすめの道をピックアップした。

たくさん走って自分の道を見つけよう

　日本の道は驚くほど美しい。山や海の豊かな風景に囲まれ、季節による変化も絶品だ。山間に作られることが多いため、道路は適度に曲がり、飽きさせない。木々の間から覗く風景もいい。バイクで走っていて、いい道、いい風景に出会うと、日本に生まれてよかったと心から思う。

　ここではバイクツーリングに向いた道路をいくつかピックアップした。走って楽しく、停めたらきれいな風景の道路だ。ただ、季節によっては走れないこともあるので、事前に確認してから向かってほしい。

　道路によってはUターン禁止など、制限を設けているところもある。動物が飛び出してくることもあるので注意したい。

　もちろんここに挙げた以外にも、いい道路はたくさんある。気に入った道を見つけたら、何度も出かけてほしい。季節や天候の違いによっても、また違う感動が得られるはずだ。

○ 知床横断道路（北海道）

北海道、知床半島の付け根を横断する道路。現在は国道334号線になっている。羅臼から入ると途中の温泉あたりから森林を抜けるワインディングに。知床峠付近で大パノラマが広がる。近隣に熊も出るので、道路以外に入りこまないように。

[写真提供:八重洲出版]
（P130〜135 全点）

◯ 国道243号・美幌峠（北海道）

国道243号は、網走から根室に至る長い国道だが、美幌峠界隈はライダー人気のポイント。ルートは美幌側からがいい。北海道らしい酪農の風景が続いた後の美幌峠を越えると、目の前に巨大な屈斜路湖が現われる。気持ちのいい風景だが、霧が発生しやすいのが難点。

◯ 八幡平アスピーテライン（岩手県・秋田県）

岩手県と秋田県にまたがる、約30kmも続く壮大なワインディングロード。タイトな部分はほとんどなく、中高速コーナーが連続する。近辺には温泉が多いので、足を延ばして湯につかるのもいい。ほぼ中央の見返峠の駐車場には有料と無料がある。

◯ 磐梯吾妻スカイライン（福島県）

福島県の高湯温泉と土湯峠を結ぶ、全長約29kmの観光道路。標高1,622mまで登る山岳ハイウエイ。"空を走る道"と呼ばれるほど。春の雪の回廊から秋の紅葉まで、季節ごとの景色が楽しめる。

○ 金精道路
（栃木県・群馬県）

群馬県と栃木県を結ぶ山岳道路。栃木県側、日光界隈は交通量が多めだが、秋の紅葉は絶品。湯元を越えて金精峠に向かうあたりから本格的なワインディングとなる。群馬県側の菅沼、丸沼に立ち寄るのもいい。

○ なぎさドライブウェイ
（石川県）

能登半島の付け根、西側の千里浜の波打ち際を走る道が、なぎさドライブウェイ。一見、普通の砂浜だが、海水を含んで舗装道路のように固まり、バイクでも走行できる。普通の道では得られない感動がある。人の少なくなった秋に行くのがいい。

○ 伊豆スカイライン
（静岡県）

日本有数のワインディングロード。通称「伊豆スカ」。伊豆半島の尾根を40kmにわたって走ることができる。尾根のため、道路の西も東も楽しい。もちろん富士山もよく見える。バイクが非常に多いので、事故にはくれぐれも気をつけて。入口で行先を告げて料金を払う方式。

○ 西伊豆スカイライン（静岡県）

伊豆市の西に位置する楽しいワインディング。交通量が非常に少なく、無料ということもあって、伊豆スカよりもこちらがいいというライダーも多い。きついコーナーや路面が荒れている場所もあり、伊豆スカより上級ライダー向き。

○ 志賀草津道路（長野県、群馬県）

名湯で知られる草津と、志賀高原を結ぶ山岳道路。草木のない白根山をはじめ、日本とは思えない風景が続く。道もアップダウンが多くダイナミック。紅葉の時季にはクルマが非常に多い。

○ ビーナスライン（長野県）

ビーナスラインは長野県のほぼ中央にある、高原ワインディングロード。遮るもののない展望が味わえ、道も楽しい。武石峠と美ヶ原自然保護センターを結ぶ通称「美ヶ原高原道路」も、あわせて訪れたい。

● 青山高原道路
（三重県）

鈴鹿山地の南に位置する道路。その名のとおり、高原らしいゆったりとした道が続く。ポイントは風力発電の巨大な風車。いくつもの白い巨大なプロペラが高原に並ぶ、不思議な風景に出合える。風車のすぐ近くまで行くことができる。晴れた日がおすすめ。

● 高野龍神スカイライン
（和歌山県・奈良県）

紀伊半島のほぼ中央を縦に走る、関西屈指のワインディング。全長は40km以上ある。紀伊らしく木が茂るため全線で眺望がいいとはいえないが、適度なカーブとアップダウンが堪能できる。標高が800〜1300mもあり、下界に比べて寒い。ウェアに気をつけて。

● 天草パールライン
（長崎県）

熊本から天草に向かう国道266号のうち、天草五橋前後の道路を天草パールラインという。海と島が入り組む独特の風景が楽しい。干潮時なら、沖合いまで干潟がずっと続く風景に出合える。ワンディングではないので、ゆったり楽しみたい。

○ やまなみハイウエイ（大分県・熊本県）

九州ツーリングの定番道路。湯布院側から入るのが絶対におすすめ。日本離れした雄大な風景のなか、ゆったりと南下する。タイトなコーナーはほとんどない。そしていきなり目の前に威容を備えた阿蘇山が現われる。その感動を体験してほしい。

○ 阿蘇登山道路 ＋ 阿蘇ミルクロード（熊本県）

阿蘇周辺にはいい道がたくさんある。阿蘇登山道路はその名のとおり、阿蘇に登る道。ルートはいくつかあるが、牛や馬が放牧されている草千里がハイライトだ。阿蘇ミルクロードは外輪山の草原を抜ける、名ワインディングロード。

○ 指宿スカイライン（鹿児島県）

薩摩半島の尾根を走る有料道路。東には錦江湾、西には東シナ海を望むことができる。おすすめは夕方。東シナ海に沈んでいく夕陽が実に美しい。道の面白さは普通だが、夕景は忘れられない思い出になるはず。

オールペイントは最強のカスタム

趣味のいいペイントで、バイクライフが楽しくなる

いいペイントには
オーナーの人柄が現われる

　バイクのカスタムの志向はさまざまだが、最強のカスタムはオールペイントではないだろうか。

　タンクやフェンダー、カウルまで、バイク全体をひとつのイメージで塗装するのがオールペイント。専門ショップにオーダーするのが普通だが、安くはない。タンクなどのパーツだけで数万円、全体なら20万円以上かかることもある。

　普通、それだけバイクにお金をかけるなら、マフラーやサスペンションなど、何かしら機能的なカスタムを行なうものだ。それを、あえてペイントにまわすところに、オトナの楽しみ方が伺える。

　昔、ものすごくきれいにオールペイントしたマシンで戦っているレーシングライダーがいた。曰く、「汚いバイクがコーナーで隣りに並んでも、負ける気がしない」とのこと。

　オールペイントのバイクは、ライダーの気持ちを豊かにしてくれる。

○ 大切にされているバイク
趣味のいいオールペイントのバイクを見ると、ホッと心が和む。オーナーがそのバイクをとても大切にしていることが伝わってくる。

○ ヘルメットも同時にペイント
バイクに合わせてヘルメットもペイント。なんともおしゃれで、見ているだけで楽しくなる。
[写真提供:リアルペイント]

≫ リアルペイント　http://www.real-paint.com/

CHAPTER

5

日常メンテナンスと
セッティング

バイクは手を入れれば入れるほど乗りやすくなる。
ここではバイクのメンテナンスやセッティングのための
考え方やアイデアをまとめた。

Bike Setting 01

自分を知る、バイクを知る

カッコいいバイクは、自分が乗りやすく、安全に楽しく走れるバイク。
そのためには、なにが不満なのかを考えることから始めよう。

気持ちいバイクは乗り手によって違う

バイクを自分らしくカスタム（改造）していくのは楽しいものだ。では、どんなバイクがカッコいいか？ ブレンボのキャリパーを付けている？ ノーだ。高いマフラーがついている？ それはただ金持ちなだけ。意味なくパーツを替えてもカッコいいとはいわない。

バイクのカッコよさは乗り手と切り離して考えることはできない。楽しく、安全に走っているライダーがカッコいいに決まっている。すると、そのライダーにとって楽しく安全に走るためのカスタムが施されたバイクこそがカッコいいといえる。

そのためには、自分のバイクに対する怖さや不満を洗い出すことがスタートになる。ハンドルが遠い、シートが低い、ブレーキのタッチがいまひとつ、高速道路で風圧がつらい、等々、バイクに乗っているといろいろな不満が出てくる。それをひとつづつ解決していった結果、カッコいいバイクに仕上がるのだ。

不満があったら、まずは自分でできないか考える。たとえば高速道路での風対策なら、風防を取りつけたり、スクリーンを大きなものに交換するといった方法が考えられる。これくらいなら自分でできるだろう。

自分では解決できないこともある。たとえばエンジンの中速域でもっとトルクやレスポンスが欲しいといった場合、エンジンの中に手を入れなければならない可能性が高い。そうなるとショップと相談だ。

もちろん日常整備が前提となる。チェーンオイルも注さずに「後ろがうるさい」といってショップに持ち込んでも恥をかくだけ。自分で整備しているうちに不具合や不満が見えてくることもある。

ショップとの二人三脚で自分に合ったバイクに仕上げられたら、それは唯一無二のバイクのはずだ。

● まずはバイクに触ること

どこまで整備するかはひとそれぞれ。オイル交換をショップにまかせても、恥ずかしいことではない。それより、マメにバイクに触れることが大切だ。洗車でもいい。すると緩みかけているネジや、錆びはじめている部分など、バイクの状態が把握できる。バイクの運転が上手くなるためには、構造や状態を知っておくのも大切なのだ。

● 自分の好みに合わせてバイクを育てる

不満や怖さを解決するのがカスタムのスタート。別に速く走るためだけではない。ロングツーリングに行きたいが、積載性が足りないからキャリアを増設する、というのも立派なカスタムだ。「あのマフラーがカッコイイから付けたい」というのは、カスタムとして二流。バイクは理詰めの乗物だから、カスタムにも理由が必要だ。

>> 関連ページ　「怖い」を大切に…P82　オールペイント…P136

バイク整備の基本的な工具

バイクの日常整備だけなら、たいした工具は必要ない。
ドライバーやレンチからはじめ、ゆっくりそろえていこう。

まずエアゲージと空気入れ あとは必要に応じて

　バイクを手に入れてまず必要なのがエアゲージと空気入れ。タイヤの空気圧は頻繁にチェックするものだから、その度にバイク屋に出向くのも面倒だ。空気入れは足踏み式の安いものでかまわない。エアゲージも高いものでなくていいが、バイクショップやガソリンスタンドのしっかりしたエアゲージと測り比べ、誤差をチェックしておくといい。

　工具類は自分でどのぐらい整備するかによるが、ドライバーとスパナ類はあったほうがいいだろう。ミラーの調整ひとつできないのも寂しい。スパナ・レンチでおすすめなのがコンビネーションレンチ。スパナ（片口）とメガネレンチがひとつになっているものだ。8・10・12・14・17mmがあれば、おもだった調整はできるはず。なお、国産車や欧州車はミリ規格だが、ハーレーはインチ規格のネジが使われているモデルがある。買う前に注意が必要だ。

　しっかり整備したいなら、最初に基本的なツールセットを購入し、必要に応じて買い足すのがいい。均一な使い心地で、迷うことも少ない。

○ **ドライバー**
プラスとマイナスがある。先端部の大きさで#1～#5の違いがあるが、バイクは#2が多い。先端が磁石のものがいい。ネジを落としづらい。

○ **スパナ・レンチ**
どちらも6角のボルトやナットを回すのに使用する。力を入れやすく、ネジをなめにくいのがメガネレンチ。それが入らないときはスパナを使う。

● コンビネーションレンチ

スパナとメガネレンチがひとつになったもので、とても便利。長さが短めのものが多いため、つい力を入れすぎやすい人にもいいだろう。

● ソケットレンチ

深い部分にあるボルト・ナットにはソケットレンチを使う。ラチェットがついているため、長いネジもラクに脱着できる。

● ヘキサゴンレンチ

六角レンチ、アーレンキーとも呼ぶ。写真のものは先端がボールポイントになっていて、狭く深い個所にあるネジの作業が容易。

● プライヤー

なにかをはさんだり固定したりするのに必要な工具。ただしネジを回してはいけない。口の開きを2段階に変えられるものが一般的。

● エアゲージ

エアゲージはドライバーより先に必要。高いものでなくていいが、たまにはショップのエアゲージと測り比べ、正しいか確認しよう。

● トルクスドライバー

欧州車などで増えているのがトルクス。6角の星型で、回すときの浮き上がり（カムアウト）が少ないのが特徴。ソケットレンチのトルクスもある。

● ツールセット

最初にひととおりそろったバイク用のツールセットを買い、それに足していくのもいい。写真はKTCの「ライダーズメンテナンスツールセット」。

● 高級ツール

より高級なツールもある。質感が高く、滑らかに操作できる。写真はKTCの「ネプロス　6.3sqソケットレンチセット[5点]」。税別14,500円。

≫ KTC（京都機械工具）　http://ktc.jp/

基本メンテナンスはしっかり行なう

タイヤやチェーンのチェックなら、ショップにまかせず自分でやりたい。
自分で整備すれば、バイクに対する愛着も深まるというもの。

整備はまかせられるがチェックは自分の責任

バイク(自動車)の日常点検は、道路運送車両法で運転者に義務づけられている。そのくらい大切なものだ。日常点検ぐらいなら時間もかからないし、広い場所もいらない。

しかし点検と整備は別。たとえばブレーキフルード(ブレーキオイル)が減っているかどうかチェックするのは運転者だが、フルードの追加(整備)はショップにお願いしてもかまわない。エンジンオイルやブレーキパッドの交換も同じだ。オイル交換は廃油の処分もある。ショップに工賃を払う価値はあるだろう。

ただ、タイヤの空気圧のチェックと補充、チェーンへの注油ぐらいは自分でやるべきだ。ショップでもやってはくれるが、「何にもできないんだな」と思われても仕方がないだろう。

点検内容はバイクの取扱説明書に書かれている。一度目を通してみると勉強になる。

○ タイヤの空気圧調整
雨が続いた後など、気圧が大きく変化すると、タイヤの空気圧も減っていることが多い。エアゲージは棒状のものより、写真のように短いホースの付いたものが使いやすい。

◯ タイヤのチェック

タイヤの摩耗状態や、釘などが刺さってないかチェックする。指している場所はスリップサイン。ここまで減らないうちにタイヤ交換へ行こう。

◯ ブレーキパッドのチェック

ブレーキパッドは生命線。パッドの残りがどのぐらいあるかチェックする。パッドのない状態で走り続けると、ブレーキローターまでアウトになる。

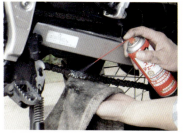

◯ チェーンの注油

チェーンへの注油は500km走行ごとと、雨天走行の後が目安。チェーンオイルはつけすぎないように。汚れがひどくなったら一度チェーンクリーナーできれいに掃除し、あらためて注油する。伸びも確認しよう。

◯ ブレーキフルード

ブレーキフルードは量と汚れをチェックする。写真のようにエアが見えたら補充、黒く汚れてきたらまるごと交換だ。

◯ エアクリーナー

オイルを含んだ湿式エアクリーナーなら自分で掃除できるが、乾式エアクリーナーは、圧縮エアで詰まったホコリを吹き飛ばすぐらいしかできない。

≫ 関連ページ　タイヤ…P146

休日にのんびりバイク整備 これもバイクの楽しみ

整備はショップでもいいとしたが、簡単な整備はできるだけ自分でやったほうがいい。理由は、楽しいから。時間のある休日の午後、のんびりとバイクをいじるのは、けっこう幸せなものだ。

とはいうものの、最近のバイクは本当に手間がかからなくなった。チェーンも伸びないし（最初の1000kmで伸びて、それ以降は安定する）、バッテリーもメンテナンスフリーがほとんど。プラグは電極が丸くなっていたら交換のタイミングだが、最近はその頻度も減った。エアクリーナーは乾式が多いが、これは洗うこともできない。汚れたら交換だ。

バイクをいじっていると自分のバイクに愛着が沸いてくるものだ。

○ バッテリー
最近は注水不要のメンテナンスフリーが多く、出力が落ちたら交換する。場所は確認しておこう。

○ プラグのチェック
黒くすぶっていたり、白く焼けていたら交換するのがいい。写真のプラグは少々焼けぎみ。

○ あると便利な油脂類
左は有名な「KURE 5-56」。強力な浸透力で錆び落としなどに便利だが、必要なオイルまで流してしまう。潤滑には中央のような潤滑用のオイルを使おう。右のグリスはネジなど、あまり動かない部分に使う。

○ オイル交換

オイル交換の準備。新しいオイルと、廃油ボックス、工具などが必要。廃油ボックスはバイク用品店で売っている。

エンジン下のドレンボルトを緩める。メガネレンチかしっかりしたソケットレンチを使い、絶対になめないように注意して回す。

オイルが出てきたら、すかさず廃油ボックスで受ける。下に新聞紙などを敷いておくのがいい。走行直後ならオイルが熱いので火傷しないように。

ついでにオイルフィルターもチェック。これも汚れや詰まりがひどかったら新品に交換する。目安は1万km程度。

完全にオイルが抜けたらドレンボルトを締め、新しいオイルを入れる。このオイルはボトルの先にノズルが付けられるタイプ。

オイル量は車体を垂直に立てて測る。軽くエンジンをアイドリングさせ、もう一度オイル量をチェックする。ボルト類の締め忘れに注意。

≫ 関連ページ　気持ちいいエンジン…P152

タイヤを替えるとバイクも変わる

バイクにとって、タイヤの影響力は非常に大きい。エンジンをいじるより、効果がわかりやすい。安価なチューニングパーツでもあるのだ。

違うタイヤを試してほしい バイクの世界が広がる

タイヤはレース用、ツーリング用など、さまざまなタイプがある。サイズさえ合えば、ツーリングバイクにスポーツタイヤを履いてもいいし、スーパースポーツにツーリングタイヤを履いてもかまわない。

純正ではないタイヤを履いてみると、その違いに愕然とするはずだ。まるで違うバイクのように感じることもある。タイヤはバイクの走行性能や走行感の多くを担っている。

タイヤの太さ（幅）は、細いほうがいい。タイヤが太ければバイクのリーンが重くなり、操作にも余計な動きが必要になる。太いタイヤは百害あって一利なし。細いほうが楽しく軽快に走れる。たとえばハーレーのダイナやスポーツスターのタイヤを見てほしい。意外なほどタイヤが細いことに気づく。ハーレーはわかっているのだ。

もちろん指定外の太さのタイヤは履けない。取扱説明書などで指定されたサイズのうち、いちばん細いタイヤがおすすめ。指定よりも細いタイヤが履けることもあるが、ショップと相談してからがいいだろう。

○ タイヤは最強のチューニングパーツ

いいタイヤを履けば、より楽しく走れる。この「いいタイヤ」というのはハイグリップタイヤのことではなく、自分に合ったタイヤという意味。たとえばハイグリップタイヤのなかには、グリップこそ強力なものの、食いついたようになってコーナーで自在に動けないものもある。これは寂しい。スポーツタイヤでもグリップ力は十分。

● レース・スポーツ用タイヤ

レースを想定したハイグリップタイヤ。このタイプには温度依存度が高く(冷えているとグリップしない)、減りの早いものがあるので注意。

● スポーツ用タイヤ

公道用のスポーツタイヤ。グリップ力も十分に高い。溝は少なめだが、雨天も考慮されている。このクラスがスポーツバイクの標準と考えたい。

● ツーリング用タイヤ

雨で濡れた路面など、多くの路面を前提にしている。同時に乗り心地、対摩耗性なども考慮しているため、グリップ力はあまり強力ではない。

● オフロード用タイヤ

ブロックパターンが特徴的なオフロード(舗装されていない道)用タイヤ。写真は大型オフローダーを想定したものだが、さらにオンロード寄りのタイヤもある。

```
タイヤ空気圧 (冷間時):
 1名乗車:
  前輪:
   250 kPa (2.50 kgf/cm²)
  後輪:
   290 kPa (2.90 kgf/cm²)
 2名乗車:
  前輪:
   250 kPa (2.50 kgf/cm²)
  後輪:
   290 kPa (2.90 kgf/cm²)
 高速走行 (1名乗車):
  前輪:
   250 kPa (2.50 kgf/cm²)
  後輪:
   290 kPa (2.90 kgf/cm²)
 高速走行 (2名乗車):
  前輪:
   250 kPa (2.50 kgf/cm²)
  後輪:
   290 kPa (2.90 kgf/cm²)
```

● 指定空気圧

最近の傾向として、270kPaや290kPaなど、高めの空気圧が指定されている場合がある。これは走り出してすぐ、タイヤが温まっていない状態での安全性を確保するため。空気圧が低いとブレーキが効きづらい、ハンドリングが安定しないなどの問題が起こる。タイヤが硬く感じたら空気圧を少し低くしてみよう。1割程度までが目安。それでも20〜30分走れば十分な空気圧になる。

>> ミシュラン　http://motorcycle.michelin.co.jp/Home/

ポジションは妥協しない

動きやすく、自分に合ったポジションが取れなければ、運転は上達しない。
調整だけでなく交換も視野に入れて、最適なポジションを確保しよう。

姿勢だけでなく手や足の操作もスムーズに

最適なポジションはP92で述べたとおり。バイクを楽しく安全にコントロールするには、上体を前後に動かしたり、腰を前後や左右にずらすといった動きが必要になる。基本になるのはお尻の位置だが、それを元にレバー操作やペダル操作に支障がないかをチェックする。最適なポジションは乗る人の体格や好みによって変わるから、自分にとって操作しやすいポジションを探ってほしい。

たとえば右の中段の写真はセロー250だが、標準状態ではステップとペダルの高さがほぼ同じだ。しかし私には高すぎて操作しづらい。そこでペダルが少し下になるように調整している。レバーは素早く握れる位置に合わせる。私は指の第一関節にレバーがかかるのが理想だが、これも人によって好みがある。

調整機構だけで満足できるポジションになればいいが、そういかない場合もある。たとえばハンドル。標準では腕が伸び切ってしまうような場合、ハンドルを交換したほうがいいかもしれない。ハンドルを高くしたり、手前に引き寄せる「ライザー」というパーツも売られている。

足着きを考えるならシートは低いほうがいいが、高めのほうがコントロールしやすい。シートはアンコの厚さで高さが変えられるから、これもショップに相談してみよう。

● ハンドル交換

ハンドルが遠い、低いというのはよくある不満。写真のバイクも本来は低いセパレートハンドルだが、シートに体重をかけやすくするため、バーハンドルに交換している。セパレートハンドルでも、溶接し直して垂れ角を変えるといったこともできる。

○ ブレーキレバー調整

ブレーキレバーは、自分の手の大きさに合わせてレバーとグリップの距離を調整する。ホルダーを回転させることで、上下の向きも変えられる。

○ クラッチレバー調整

クラッチレバーもブレーキと同じように調整。しかし調整機構がないこともある。オフロードモデルなどではワイヤーの長さで調整するものが多い。

○ ブレーキペダル調整

根元のネジ（○印の部分）で、踏みやすい高さに調整する。右は、ペダルの上に硬質ゴムの"ゲタ"を履かせ、高さを調整した例。

○ シフトペダル調整

シフトペダルもブレーキペダル同様、高さを調整する。ステップが後ろにあるバイクほど、ペダルは下げたほうが操作しやすい。

○ シート高変更

シートは高いほうが操作しやすいが、足着きが悪くて不安ならシートを下げる。純正でローシートが用意されてないなら、アンコ抜きという手もある。

○ クッションの貼り付け

写真は、ニーグリップするとフレームにヒザが当たって痛いので、クッションを貼り付けた例。これも立派なポジション改良のひとつ。

≫ 関連ページ　最適なポジション…P92

サスペンションを自分に合わせる

マニアックで奥が深いサスペンション調整。これにハマるライダーは多い。
最低でもプリロード調整だけはしよう。乗りやすさがまるで違う。

リアの調整だけでも
ずいぶんバイクは変わる

バイクを自分に合わせ、走りやすくするのがサスペンションの調整。調整機構の種類は、プリロード、伸び側減衰力（Ten）、縮み側減衰力（Comp）の3種。前後サスで可能なら6種類。これがすべて調整可能なバイクをフルアジャスタブルというが、それほど多くない。

プリロードは初期荷重ともいう。人が乗ったときのバイクの高さを調整し、バイクの姿勢を適正な状態に整える働きをする。減衰力調整はダンピングともいい、振動や衝撃の振幅を抑える機能。これがないとショックを受けたサスはいつまでも伸縮をくり返すことになる。

合わせる順番は、まずリアのプリロード。体重が重くてサスの沈み込みが大きいならプリロードを強くする。2人乗り時でも同様だ。体重が軽いならプリロードを弱くする。メジャーを使って厳密に寸法を出す人もいるが、感覚でも大丈夫。跨がってリアが大きく沈みこむようなら強くし、沈まないのなら逆に弱くする。

次に、可能ならフロントのプリロードを調整する。基本的な考えはリアと同じだ。しかしフロントのプリロード調整はできないバイクが多い。これは、リアが主輪で、フロントは従輪だからだ。

減衰力の調整でもっとも影響が大きいのはリアの伸び側減衰力。これはバイクの倒しこみやすさ、リーンしやすさに関係する。減衰を弱くすれば動きが軽くなり、強くすれば重くなる（安定する）。実際には、プリロードと合わせ、走っては調整してまた走る、という繰り返しになる。縮み側減衰力は、伸び側に合わせればいいだろう。フロントも基本的に同じだが、ブレーキ時の動きや安定性に気をつけて調整するのがいい。リアのプリロードと伸び側減衰力で、調整の8割がたが決まる。

○ リア プリロード調整

写真のプリロード調整は、凸凹になっているネジを車載工具(P112参照)で回すタイプ。皿状の二重ナットのものもある。

○ 別体式の調整機構

サスペンションユニット本体と調整部分を別体とした製品。走りながらプリロードやダンピングが調整できる。セッティング好きには便利。

○ リア 伸び側減衰力調整

これはマイナスドライバーで回すようになっていて、いっぱいに締め込んだ状態(最強)から何ノッチ戻す、という調整を行なう。

○ リア 縮み側減衰力調整

縮み側の減衰力調整は、伸び側ほど乗り味に影響を与えない。飛ばすなら、これで踏んばり感を出すこともできる。調整方法は伸び側と同じ。

縮み側減衰力

プリロード

伸び側減衰力

プリロード

○ フロント調整

このバイクでは、飛び出した部分の6角のネジがプリロード。左右を同じに合わせる。右の中央にあるマイナスネジが伸び側の減衰力調整、左の中央のマイナスネジが縮み側の減衰力調整。バイクによって調整できる機能や調整方法は異なる。取扱説明書で確認してほしい。

>> 関連ページ 「怖い」を大切に…P82

気持ちよく回るエンジンにする

エンジンのチューニングは、ほとんど素人には手に負えない。
パワーアップよりも、エンジンのフィーリングに気を遣いたい。

エンジンはオイルで変わる
マフラーは検討してから

自分のバイクのパワーを上げたいと思うこともあるだろう。たぶん可能だ。排気量アップや燃焼室加工など方法はいろいろあるが、個人ではまず手に負えない。何が不満なのか、どうしたいのか、ショップとよく相談してから始めてほしい。

マフラー交換だけでは、パワーは上がらないと思ったほうがいい。抜けがいいだけのマフラーでは中速のトルクが落ち、乗りづらくなる。ただ、しっかり作られたマフラーなら、特性やニュアンスを変えることができる。どういった目的で作られたマフラーなのかを確認して選んでほしい。また、マフラーを交換する場合は、必ずJMCAなどの認証を受けたマフラーを選ぶこと。そうしないと違法になる。

フィーリングをよくするなら、オイルをいいものに変えてみるのもいい。高級オイルは高価だが、エンジンの回転が軽く、滑らかになるといったメリットがある。

オイルの粘度を下げても回転は軽くなるが、指定よりも極端に粘度の低いオイルはエンジンに負担がかかるのでやめたほうがいい。すぐに焼き付くようなことはないとしても、

○ オイルの粘度

10W - 40

低温側粘度　高温側粘度

数値が小さいほど軟らかなオイル。季節が変わっても同じオイルで大丈夫だが、最低でも半年に一度は交換を。

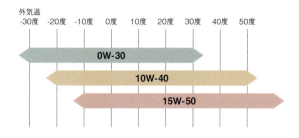

エンジン寿命を縮める可能性がある。

　また、四輪用のオイルをバイクに使ってはいけない。燃費向上のために摩擦低減剤が添加されており、バイクではクラッチが滑る可能性がある。バイクには「JASO MA」もしくは「JASO MB」の表記があるものを使用する。

　エンジンの調子を保ちたいなら、まめなオイル交換を心がけよう。

○ 高級オイル

高級オイルは麻薬のような魅力がある。エンジンが滑らかに、軽くなったように感じる。これに手を出すと、純正オイルには戻れない。

○ オイル量の調整

オイル量を心持ち少なくすると、回転が軽くなる。もちろん下限より少なくしないこと。4気筒よりも、2気筒や単気筒のほうがわかりやすい。

○ JMCA認証マーク

マフラーは、必ずJMCAなどの認証品を選ぶ。緑のプレートは平成13年騒音規制対応、右下は平成22年騒音規制対応のマフラー。

○ 集合マフラー

SP忠男のMT-09トレーサー用「POWER BOX FULL」。消音によるパワーロスを抑え、長距離でも疲れない特性。税別165,000円。

○ エキゾーストパイプ

同セロー250用の「POWER BOX エキゾーストパイプ」。トルクが上乗せされ、アクセル操作に対するリニアリティも向上。税別19,000円。

>> 関連ページ　エンジン…P20　　SP忠男　http://www.sptadao.co.jp/

バイクをきれいに保つ

きれいなバイクはやはり気持ちいい。たまには洗ってやろう。
ムキになって磨き上げなくても、ポイントを押さえればきれいに見えるのだ。

ピカピカでなくてもいい 錆びさせないことが大切

　整備編の最後は洗車について。汚れを落とすだけでなく、不具合をいち早く発見できる。洗車は整備の初歩だ。剛の者はパーツをすべて取り外して磨き上げるという。私はとても真似できないが、洗車はこまめにしている。汚いバイクは嫌いだし、泥をそのままにしておくと錆びやすいためだ。エキゾーストパイプは別にして、錆びのあるバイクはライダーの恥だと思っている。

　プラスチックのボディにこびりついた汚れは落ちづらいもの。細めのコンパウンドで磨いてもいいが、メラミンスポンジがおすすめ。これが実にバイク向き。水アカや多少のオイル汚れもこれでほとんど落ちる。おかげで洗剤類はあまり使わなくなった。

　バイクをきれいに見せるポイントはホイールまわり。ほかが多少汚れていても、ホイールがきれいだと全体がきれいに見える。チェーンも同様で、油と泥の詰まりはP143の方法できれいにしよう。

　たまにはゆっくりバイクを洗ってやろう。また元気に走ってくれる。

○ 晴れた日の洗車は気持ちいい

バイクが汚れてきたら洗車しよう。雨の日の走行の後や、ツーリングから帰ってきてから洗うのもいい。バイクに感謝しながらきれいにしてやる。自分の手で洗っていると、不具合や異常を見つけやすいのもメリット。

○ 洗車ブラシでホコリを落とす

水をかけながらブラシで洗い、泥や汚れをざっくり落とす。ただし、シート下などの電装部品が詰まっている場所は水をかけないほうがいい。

○ 細かい部分は歯ブラシで

シリンダーフィンなどの狭い場所では歯ブラシが便利。特に洗剤をつけなくても、まめに擦れば水だけでもけっこうきれいになる。

○ 水アカにはメラミンスポンジ

バイク洗車にはメラミンスポンジが最強。水アカやホイールの汚れ、油汚れなど、なんでも落ちる。水を含ませて擦り、浮き上った汚れは洗い流す。

○ ホイール中心に洗う

不精者はホイールを中心に洗うのがいい。スポークやリムがきれいだと、バイク全体がきれいに見える。

○ もう一度流して拭き取る

各部がきれいになったところで、ワックス入り洗剤で全体を洗う。最後に水できれいに洗い流し、拭き取って終わり。

○ 用品店の洗車コーナーが便利

自宅で洗車できないなら、用品店などの洗車コーナーが便利。高圧洗浄機はチェーンのシールを痛めたり、デカールが剥がれることがある。

One Point Guidance 06

バイクを"カッコよく"撮影する

撮影位置や距離を意識し、光を上手く利用する

まずはカメラの高さと距離に気を遣おう

せっかく買った自分の愛車なら、カッコよく撮影したいもの。SNSに公開して自慢できるような写真だ。乗ったバイクの遍歴としても記録に残しておきたい。

バイクを撮影する最初のポイントはカメラの高さだ。立ったまま(高い位置から)撮影するとバイクが小さく見えるし、エンジンなど、バイクの魅力的な部分が撮影できない。

写真の世界には「アイレベル」と

○ 立ったまま撮影

立ったまま撮影すると、バイクを見下ろすことになり、上面が大きくタイヤが小さく写るので、迫力のない写真になる。

○ タンクの高さから撮影

しゃがみ込んで撮影。バイクらしさや迫力感じられる写真になる。右の例はタンクよりも少し下から撮影している。

いう言葉がある。子どもやペットを撮る場合、その視線の高さまでカメラを下げて撮るのが基本だ。バイクにとってのアイレベルはガソリンタンク。タンクの位置までカメラを下げて撮影してみよう。さらに下から撮るとエンジンやマフラーなどが強調され、迫力のある写真になる。

次はバイクとの距離だ。被写体に近づきすぎると、近いものが大きく、離れたものが小さく写る。これをパースというが、パースが強いと歪んだ写真になる。バイクらしい端正な写真を狙うなら、望遠レンズにして（ズームレンズを望遠側にして）離れて撮影してみよう。逆に、広角にしてぐっと近づき、パースを強調した迫力の写真もいいものだ。

バイクが主役の写真にするなら、背景はできるだけシンプルな場所を選ぶのがいい。望遠で（離れて）撮影すると、撮影画角が狭くなるため、背景が整理しやすいというメリットもある。

○ 近づいて撮影
バイクに近づいて撮影すると、タンクやエンジンが大きく、ホイールが小さく見える。後輪もパースがついて歪んで見える。

○ 下から撮影
カメラを地面に近い位置に構え、下から見上げるように撮影すると、インパクトの強い写真になる。下はエンジンを強調したカット。

○ 離れて撮影
レンズを望遠側にしてバイクから離れて撮影すれば、パースが弱く、バイク本来の端正な形で撮影できる。人物のポートレート撮影でも同じだ。

縦位置、横位置、構図に気を遣う

ツーリングに出かけたときによく撮影する風景入りのカットなら、バイク全体を入れる必要はない。むしろバイクの一部だけ入れることによって、風景が主役の写真になる。

構図は下のようにヘッドライトの一部を入れてもいいし、テールランプまわりを入れてもいい。シートの上にヘルメットやウェアを置いて、その向こうの風景を狙えば、ツーリングらしい、臨場感のある写真が撮影できる。

縦位置でも撮影してみよう。普通にカメラを構えると横に長い写真になり、安定感を出しやすい。カメラを90度回した縦位置では、高さや奥行きが強調され、緊張感のある写真になる。いい雲が浮いていたら縦位置で狙ってみよう。空気感のある写真ができ上がるはずだ。

○ 構図を工夫する
上の例はバイクが目立つが、下の例では風景に目がいきやすくなる。遠くにピントを合わせ、手前のバイクをぼかすと、より風景が目立つ。

○ 縦位置にしてみる
横位置では左右の広がりを表現するのに向いている。縦位置では高さや奥行き感を出しやすく、さらに左右が狭いため、主役を強調しやすい。

低い太陽なら逆光でドラマチックな写真に

夕方、太陽が低くなって光が横から差し込むようになったら（もちろん早朝でもいい）、ドラマチックな写真が撮影できる。

被写体に正面から光が当たっている状態を順光といい、被写体の向こうに光源があるのが逆光だ。ドラマチックに撮るなら逆光を使ってみよう。シルエットのため車体は見づらくなるが、エッジが光って際立ち、広告写真のようになる。このとき、露出補正（明るさを変える機能）で全体を暗くするのがセオリーだ。

走っているバイクを撮るのは難易度が高い。走るバイクに合わせてカメラを振りながらシャッターを切る「流し撮り」という方法を使う。一発で撮るのはむずかしいので、あらかじめ他のクルマなどで練習しておこう。走っているバイクが止まり、背景がきれいに流れたら成功だ。

○ 光を利用する

横からの光は、ドラマチックな写真にしやすい。左はエンジンの反射光を強調。右は逆光でシルエットを活かした。どちらも露出を下げて全体を暗くし、明るく輝く部分を印象的にしている。

○ 走りは流し撮りで

バイクの動きに合わせてカメラを振りながら撮影する。ただ、撮られる側が緊張して危険なので、慣れている人しか狙わないように。

[カバーデザイン]	藤井耕志 (Re:D Co.)
[本文デザイン]	桑原文子・熊本卓朗 (KuwaDesign)
[本文DTP]	川上卓也 (B Studio)
[イラスト]	北村公司
[写真撮影]	水川尚由／川上卓也 (B Studio)
[写真協力]	八重洲出版

もう一度バイクに乗ろう！
羨望されるオトナのライダーになりたい人に

2016年8月1日　初版　第1刷発行

[著者]	西尾 淳
[編者]	WINDY Co.
[発行者]	片岡　巌
[発行所]	株式会社技術評論社
	東京都新宿区市谷左内町21-13
	電話　03-3513-6150：販売促進部
	03-3267-2272：書籍編集部
[印刷／製本]	図書印刷株式会社

定価はカバーに表示してあります。

本書の一部または全部を著作権法の定める範囲を超え、無断で複写、複製、転載あるいはファイルに落とすことを禁じます。

© WINDY Co.

造本には細心の注意を払っておりますが、万一、乱丁（ページの乱れ）や落丁（ページの抜け）がございましたら、小社販売促進部までお送りください。送料小社負担にてお取り替えいたします。

ISBN978-4-7741-8256-8　C2065
Printed in Japan

Nishio June

西尾 淳

編集プロダクション、有限会社ウインディの代表。大学入学直後に限定解除で大型自動二輪免許を取得。ツーリングしながら日本中を転々と暮らし、米国にも渡る。帰国後、バイク便、広告代理店営業、バイク雑誌編集、カメラ雑誌編集などを経験し、その後独立。ウインディではカメラ・バイクを中心とした雑誌・単行本の制作、Web記事のライティングなどを行なっている。